Jürgen Knoch

Wassermühlen an der Wisenta

Verlag Rockstuhl

Impressum

Umschlaggestaltung: Harald Rockstuhl, Bad Langensalza

Titelbild: Holzmühle, Thomasmühle, Obere Lößmühle,
Untere Schlagmühle, Schmidtenmühle
Rückseite: Bucklischmühle, Hammermühle, Glücksmühle

1. Auflage 2021
ISBN 978-3-95966-547-6

Satz und Bearbeitung: Harald Rockstuhl, Bad Langensalza

Druck und Bindearbeit: erfolgen in Deutschland

Gedruckt auf alterungsbeständigem Papier nach ISO 9706

Die Deutsche Nationalbibliothek verzeichnet diese Publikation in der Deutschen Nationalbibliografie. Detaillierte bibliografische Daten sind im Internet über *http://dnb.d-nb.de* abrufbar.

Verlag Rockstuhl
www.verlag-rockstuhl.de

Inhaber: Harald Rockstuhl
Mitglied des Börsenvereins des Deutschen Buchhandels e.V.
Lange Brüdergasse 12 in D-99947 Bad Langensalza/Thüringen
Telefon: 03603 / 81 22 46   Telefax: 03603 / 81 22 47
www.verlag-rockstuhl.de

Inhalt

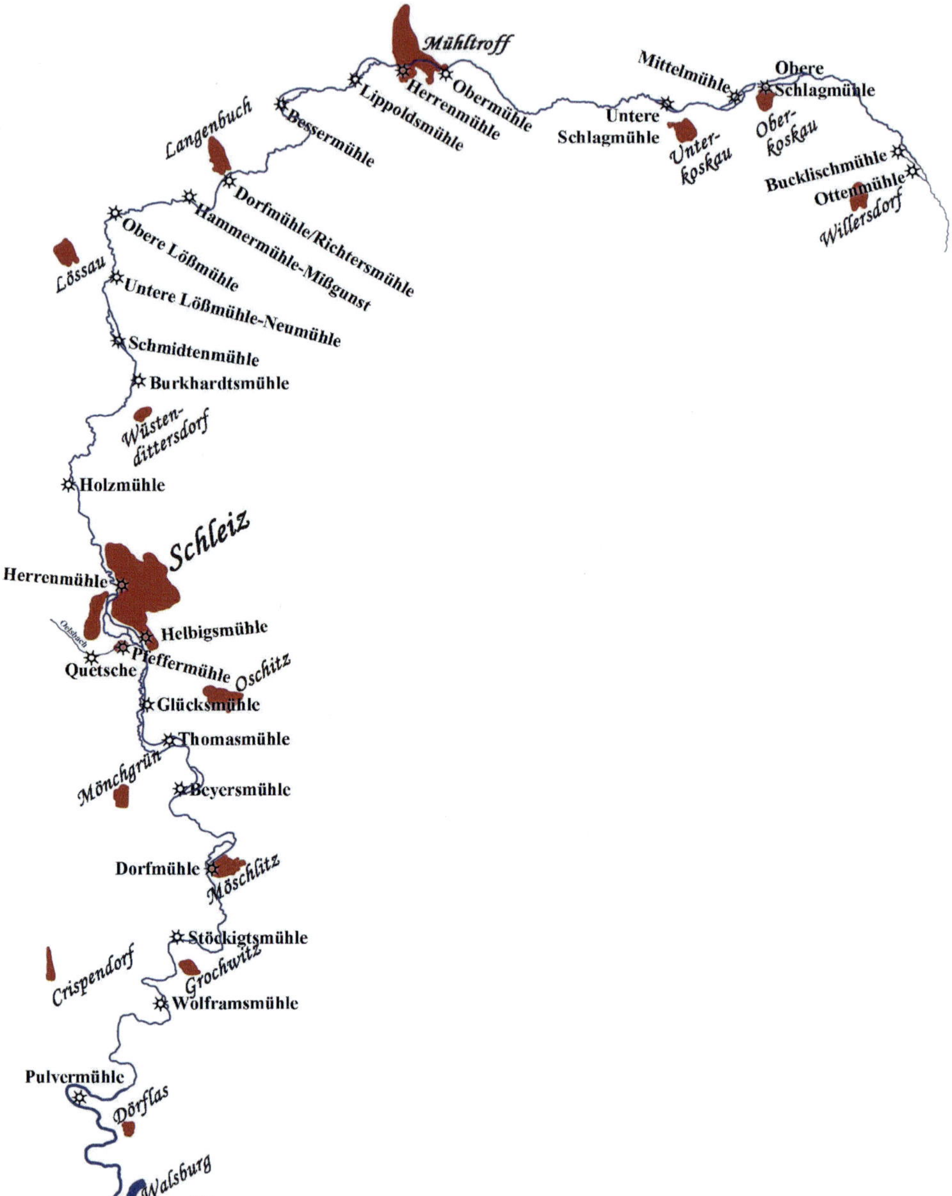

Kartengestaltung: Buchbinder Dirk Zaumsegel

Einleitung

Die Ersterwähnungen von Mühlen an der Wisenta tauchen mit dem 14. Jahrhundert zunehmend in Urkunden auf. An den größeren Flüssen waren sie schon vorhanden. Durch gute Umweltbedingungen wuchs die Landbevölkerung auf über das doppelte an und Städte entstanden. Die Nahrungsmittel mussten in größeren Mengen erzeugt werden, um diese Entwicklung zu begleiten. Die Landwirtschaft war der Haupterwerbszweig der Gesellschaft. Die bäuerliche Bevölkerung brachte ihre Erzeugnisse zum Markt in die Städte. Die bisher bekannten Getreidesorten wie Emmer und Einkorn reichten nicht mehr aus, die steigende Bevölkerungszahl zu ernähren, Dinkel und Hafer kamen hinzu. Fleisch war der Eiweißlieferant. Gemüseanbau fand im Garten statt. Neue landwirtschaftliche Techniken wie die Dreifelderwirtschaft wurden erfunden, um mehr von den Ackerflächen zu ernten. Die Nutzfläche konnte nicht ständig erweitert werden. Rodungen mussten von den Landesherren genehmigt werden. Sie entschieden immer nach ihren Jagdinteressen. Bei den Bauern stiegen die Erträge auf den Feldern. Das Mahlen des Getreides erfolgte im Altertum per Hand. Das Backen von Brot förderte die Vielfalt in der Ernährung. Durch den entstandenen Fernhandel kamen neue Techniken durch Mund-zu-Mund Propaganda in unseren Raum. In den Dörfern experimentierten die Bauern mit neuen Geräten der Bodenbearbeitung und Einsatz von Viehdünger (Mist) die Erträge zu steigern. So taten sich einige Bauern hervor, um mehr für sich selbst zu produzieren, denn sie waren alle lehnsabhängig. Die Kindersterblichkeit war sehr hoch, sie lebten alle in einem kleinen Haus, meist nur mit einem oder zwei Räumen und einer Herdstelle. Die Herrschaften begannen Mühlen zu errichten, um das erhöhte Getreideangebot für die Ernährung umzuwandeln. Für einen einfachen Bauern war die Finanzierung einer Mühle noch nicht zu stemmen, sie pachteten dann die Mühlen. Damit eine Auslastung ihrer Mühlen stattfand, wurde der Mahlzwang eingeführt. Neue Zünfte entstanden, wie die Friesen, die Teich- und Mühlgrabengräber. In einer Mühle wurden zuerst unterschlächtige Mühlräder gebaut mit schlechtem Wirkungsgrad. Durch geschicktes Ausnutzen des Geländeprofils brachten sie das Wasser im Mühlgraben oberhalb der Mühle heran, sodass sich die ober- und mittelschlächtigen Mühlräder, die einen bedeutend höheren Wirkungsgrad aufwiesen, durchsetzten. Das erhöhte die Nutzungsmöglichkeiten der Wasserkraft, es entstanden zusätzlich Schmiedewerke, Schneidemühlen, Hammerwerke, Ölmühlen u. a., an diesen Mühlenstandorten. Es kamen zusätzlich zu den Kammrädern Stockräder zum Einsatz, die die Drehbewegung von horizontal in vertikal umwandelten. In den Pachtverträgen kommen nun die einzelnen Teile der Mühle zur Benennung. Diese Bezeichnungen variieren je nach Gebiet. Siehe Mühlenbegriffe. Ereignisse und Besonderheiten dieser Zeit sind für das Gebiet zwischen Mühltroff und Schleiz in der Dorfmühle Langenbuch hinterlegt.

Bisher wurden durch einzelne Heimatforscher die Mühlengeschichten in kleinen Beiträgen in lokalen Zeitungen abgedruckt. Einen großen Teil der Mühlengeschichten recherchierte Robert Hänsel seit Ende der 20-er Jahre des vorigen Jahrhunderts. Er hatte noch Zugriff auf das Archiv des Hauses Reuß in Schleiz. Hänsel erstellte handschriftliche Auszüge aus den Akten, die er in kleineren Artikeln im „Oberlandbote" und im „Oberland" abdrucken ließ. Um diese vielen Veröffentlichungen zu bündeln und in einem Buch zusammenzustellen, soll Ziel dieses Sachbuches sein. Robert Hänsel beklagt am Beginn der 50-er Jahre den Verlust des Schleizer Schlossarchiv, das durch Bombardierung 1945 vollständig zerstört wurde. Es gingen beim Brand 40.000 Akten und Bücher verloren. Nach Zeugenaussagen von Vertriebenen haben die russischen Soldaten auf Anweisung den Rest verbrannt. So sind die spärlichen Unterlagen nur bis Lössau noch erhalten. Ab Langenbuch bis Mühltroff im Archiv Plauen, die Orte Unterkoskau bis Willersdorf, diese waren lehnsabhängig in Mißlareuth. Im Archiv Mühltroff sind nur wenige Dokumente vorhanden. Es gingen durch die vorgegangenen Kriege ab dem Spätmittelalter viele Akten verloren. Basierend auf Ahnentafeln meiner Linie und die von Militzer konnte die Basis für dieses Buch geschaffen werden. Weitere Arbeiten vom Heimatforscher Max Frotscher aus Mühltroff erhöhten die Dichte der Ergebnisse, leider sind einige Unterlagen von ihm ausgeliehen worden nach Langenbuch an die dortigen Heimatforscher Heinrich Leitol und Heinrich Franke 1975–1977. Diese Zeitzeugnisse wurden nicht wieder zurückgegeben. Die Nachlässe beider Langenbucher Bürger liegen im Archiv Schleiz. Die wichtigsten Akten konnte ich darin nicht auffinden.

Für die Schleizer Wassermühlen gibt es als Besonderheit die beiden Mühlen am Oelsbach, Pfeffermühle und die Quetsche. Diese wurden mit aufgenommen, da hier eine gute Aktenlage zur Verfügung stand.

Wisenta der Fluss

Der Name des Flusses leitet sich vom althochdeutschen „wisa“ und dem mittelhochdeutschen Wort „wise“ ab. Dies bedeutet ein vom Fluss durchflossenes Tal mit Wiesen. In der ersten urkundlichen Erwähnung von 1071 wird er *„wisinta“* genannt. Später, bei der Beschreibung des Dobnagaues (Gegend um Plauen), wird er 1122 noch so geschrieben. 1280 verändert sich die Schreibweise in *„wisenta“*. Im auslaufenden Mittelalter wurde sie dann „Wiesentthal oder Wiesenthal“ genannt. Diese Bezeichnung hielt sich bis ins 20. Jahrhundert. Auf alten Karten ist sie so verzeichnet. Die Wisenta Talsperre hieß 1920 noch Wiesenthalsperre.

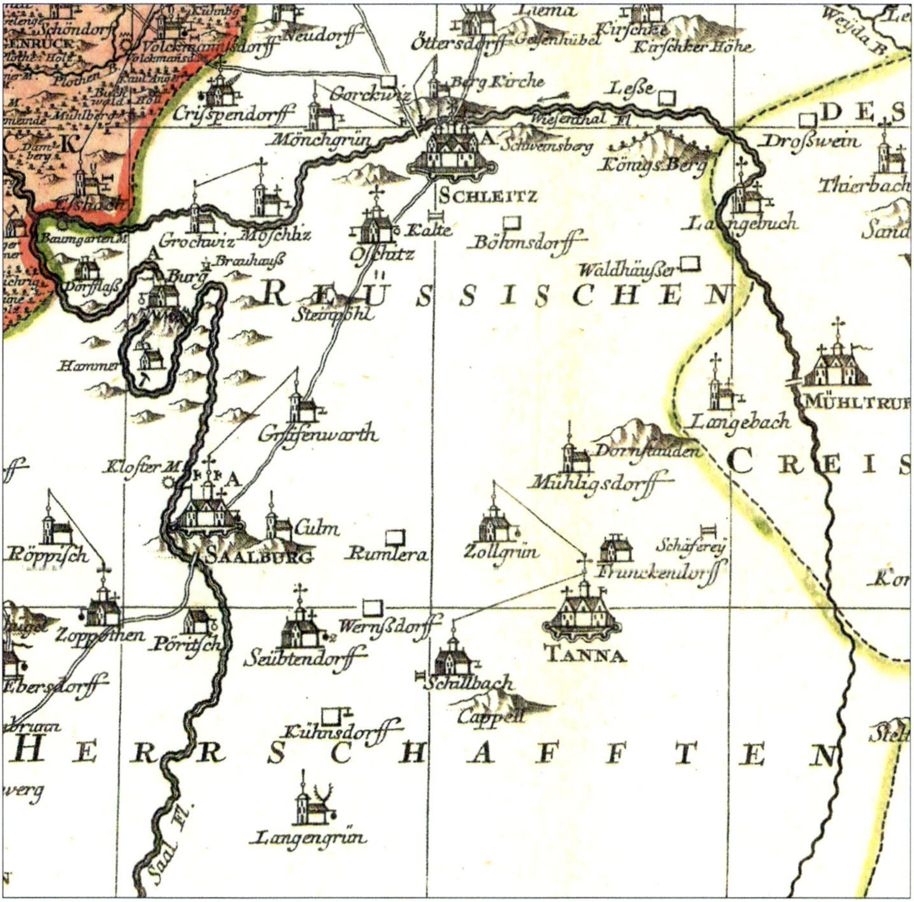

Verlauf der Wisenta auf der Karte „Reussisches Vogtland – Vogtlandkarte 1757“ von Georg Friderich Lotter

Seit Brückner wird der Zeidelbrunnen als Quellgebiet der Wisenta angegeben. Nach Wikipedia wird heute die Vorquelle ca. 2 km Rothenacker entfernt an der Ostflanke des Rosenbühl (605 m NHN) mit einbezogen. Nach hydrologischen Gutachten von 1973 werden nur die Quellen Zeidelbrunnen, Waldquelle, und zweimal die Wiesenquelle aufgeführt. Auf ihrem Lauf nimmt die Wisenta das Wasser des Zeidelbrunnens (565 m NHN) und danach den Dorfbach von Rothenacker auf, um nach 1 km später die Ottenmühle (535 m NHN) zu erreichen.

Nebenflüsse links: Lohbach, Forstbach, Langenbacher Bach, und der Culmbach

Nebenflüsse rechts: Spielmes Bächlein, Schwarzbach, Königsbach, Schlangenbach, Erkmannsdorfer Bach. Kleinere wurden unterschlagen. Sie alle bringen neue Kraft in den Fluss auf seinem langen Weg zur Mündung in die Saale bei Walsburg (320 m NHN). Sie durchfließt ein bäuerlich geprägtes Kulturgebiet an dem die Bewohner von und mit dem Fluss lebten. Zur Nutzung der Wasserkraft lagen schon Erfahrungen der größeren Flüsse vor. Zu Beginn finanzierten die Lehnsherren die Mühlen vor und verpachteten sie, nach und nach erwarben die Müller ihre eigenen Mühlen. Brückner gibt in seiner Landeskunde Eckdaten an, die durch eigene Recherchen erweitert wurden.

Hochwasserjahre: 1589, 1634, 1643, 1682, 1739, 1924, 1935 – viele Mühlen mit Totalschaden.

Trockene Jahre: 1590, 1616, 1681, 1800, Große Dürre: 1551, 1591 – Mühlsteine und Wasserräder mussten per Hand bewegt werden.

Starker Frost: 1781 Mühlräder eingefroren – große Schäden.

In den wasserarmen Jahren mussten die Zwangsmalgäste in die Mühle und per Hand alles bewegen. Zusätzliche Maßnahmen waren das Anlegen von zusätzlichen Wasserspeichern, wie der „neue Teich“ bei Oberböhmsdorf Bau 1612 und weitere. Die Müller die Flussabwärts vom Wasser profitierten mussten sich finanziell beteiligen. Hänsel fand 1933 im Schlossarchiv eine Akte von 1612: *„Wir Heinrich der Mittlere (später der Ältere) ... als haben wir einen neuen Teichbau am Langenbucher oder Mühldorfer Weg (Mühltroffer Weg), damit Mühlen auf den Notfall eine Weile gangbar erhalten werden möchten, vornehmen lassen, und weil* *solches den Nachfolgenden Mühlen, als der Holz-, Kien-, Helbichs-, Glücks-, Thomas- und Beyersmühle mit zum Besten kommt, daher muß auch wegen der Holz-, Kiens-, Helbichs- und Glücksmühle eine solche Steuer zu solchem Teichbau, als benamentlich von der Holzmühle 21 Gulden und von der Glücksmühle 21 Gulden gehorsam und willig verrichtet und bezahlt werden. ... Würde auch der Teich über kurz oder lang durch große Wasser viel Schaden leiden oder solcher anderen dadurch erfolgen, so sollen vorgenannte Mühlen und deren Besitzer etwas weiteres und mehr dazu geben unverbunden sein, und weil der Thomas- und Beyersmüller sich ihrer Steuer halber zu Ungebühr aufgehalten, so soll solche nochmals von ihnen gefordert und auf den Fall ihrer beharrlichen Verweigerung andere Mittel gegen sie vorgenommen werden".* Der Neue Teich wurde bei Oberböhmsdorf gegraben und angelegt. Dieser Fall trat schon 1664 ein. Da war der Damm stark zerstört worden, man konnte den Weg nicht mehr befahren. Die Kosten in Höhe von 25 Gulden beglich nach Hänsel die Geileitkasse. Der Abluß des neuen Teiches verläuft unter der Burkhadtsmühle in den Mühlgraben.

Teure Jahre: 1272, 1315, 1621, 1624, 1662, 1694, 1720, 1762, 1771, 1772, 1784, 1785, 1786, 1788, 1789, 1790, 1791, 1817.

Gute Jahre: 1280, 1507, 1519, 1645, 1773.

Hohe Sterberaten: 1272, 1439, 1463, 1575, 1626, 1633/34 (Pestjahre)

Durchflussmengen am Pegel Möschlitz:

Max. 16,3 m^3/s bis 57,6 m^3/s 1935

Mittel: 1,24 m^3/s

Min: von 0 (1929) bis 113 l/s

Quelle: Wisenta-Wiesenthal, Pegel Möschlitz, https://de.academic.co/dic.nsf/dewiki/152070, 2020

Literatur: 1, 2, 3, 31, 88

Anfang des Flusses

Langer Teich bei Oberböhmsdorf. Fotos: Jürgen Knoch

Wisenta vor der Ottenmühle

Quellgebiet Zeidelbrunnen. Fotos: Jürgen Knoch

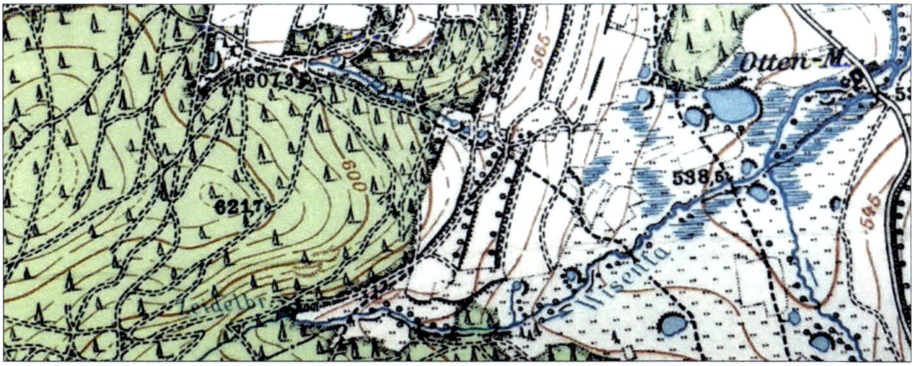

Quellgebiet der Wisenta – Stand 1908, Karte Gefell (Münchenreuth) Nr. 5537. Herausgegeben von der Landesaufnahme Sachsen 1910

Ottenmühle bei Willersdorf

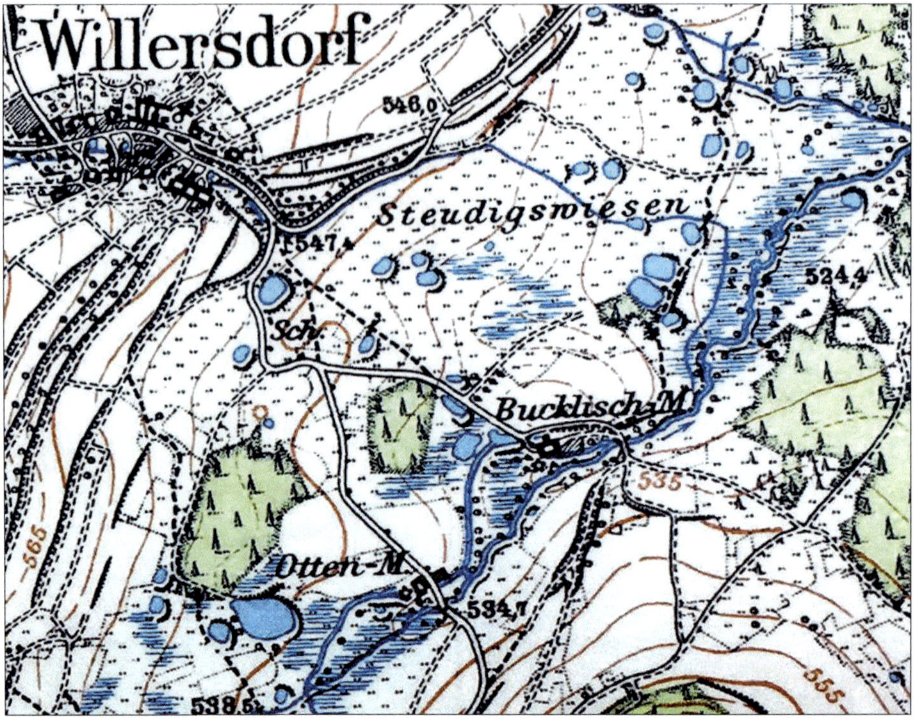

Kartenausschnitt Ottenmühle und Bucklischmühle – Stand 1908, Karte Gefell (Münchenreuth) Nr. 5537. Herausgegeben von der Landesaufnahme Sachsen 1910

Alter Mahlstein im Hof. Foto: Jürgen Knoch

Ottenmühle am 9.4.1945, US-Luftbildflugnr.: 1945160, Bild Nr.: 2127 ©GDI-Th.

Ottenmühle vom 16.4.2019, Luftbildnummer: 201911 32706_5594 © GDI-Th.

Ottenmühle heute (Willersdorfer Seite). Foto: Jürgen Knoch

Nähert man sich der Ottenmühle, aus Rothenacker kommend, erkennt man von Weitem die über 100 Jahre alte Eiche – sie könnte uns so mache Begebenheit erzählen. Nun kommen wir zur Geschichte der Ottenmühle.

Die Ottenmühle ist die erste Wisenta Mühle nach dem Quellgebiet Zeidelbrunnen. Der Name der Mühle soll auf den Mühlenerbauer und ersten Betreiber, einem gewissen Hans „Ott(en)“ aus Gefell zurückzuführen sein. Hans Ott wird nur im Sterberegister 1634 aufgeführt (Ottenmüller). Als erstgenannter Ottenmüller (Kirchenbuch Unterkoskau) war ein Nickel Pucklitzsch verzeichnet, vermutlich sein Schwiegersohn. Die Schreibweise variiert von Pucklitzsch über Pucklisch zu Bucklisch. Er betrieb die Mühle von 1613 bis 1660. Dessen Tochter Elisabeth heiratete Wolf Preßler 1635. Er wurde nun nach 1660 der neue Ottenmüller. Danach folgte bis 1706 Jacob Peßener mit drei weiteren Besitzern. 1736 wird vom Tod des Besitzers Christian Hadlich berichtet. 1755 wird ein Pächter Erhard Strubel aufgeführt. Der nachfolgende Besitzer ist 1769 Johann Erdmann Hadlich (vermutlich Sohn von Christian), er löst die Pacht mit einer Schuldverschreibung des Hirschberger Bürgermeisters Johann Adam Müller ab. Ein weiterer Hadlich taucht im Kaufvertrag an Johann Christoph Eisenschmidt, mit Johann Gottlieb Hadlich auf.

Der Kaufvertrag stammt vom 7. Oktober 1769, darin wird die Schuldverschreibung vom Käufer mit übernommen. Die Mühle war von Anfang an Kirchenlehn der Mißlareuther Kirche.

Die finanziellen Probleme der Hadlichs waren der Verkaufsgrund. Johann Christoph Eisenschmidt war vorher der Pächter der Obergreizer oberen Steinmühle. Damit hatte er die Grundlage für ein erfolgreiches Betreiben der Mühle nach den geltenden Lehnsvorschriften geschaffen. Die Reihen-

Erste Seite des Kaufvertrages des Gräflichen Reuß-Plaunschen Amtes. Sammlung Familie Eisenschmidt

folge der Müller wird am Ende aufgeführt. Am Anfang hatte sie nur einen Mahlgang. Ein Zweiter kam hinzu, so konnte nun in zwei Schritten gemahlen werden. In der Familiengeschichte wird berichtet, dass im Frühjahr (Schneeschmelze) Tag und Nacht gemahlen wurde, wegen des Wasserüberflusses. Das Mühlrad hatte einen Durchmesser von 4 m.

Aus dem Jahre 1811 ist ein Brief erhalten geblieben, in dem der Möschlitzer Müller, Johann Adolph Schmidt, alle Wisentamüller aufruft, die verfallenen Quellen der Wisenta wieder instandzusetzen. Folgende Mühlenbesitzer unterzeichneten das Bittschreiben mit Datum (auf dem Original) der Unterzeichnung:

1. Johann Adolph Schmidt, Möschlitzer Mühle
2. Christian Gottfried Dietzel, Stöckigtsmühle Grochwitz
3. Johann Nickel Orlamünder, Wolframsmühle Crispendorf
4. Johann Wilhelm Koch, Beyersmühle Mönchgrün
5. H. G. Marx, Thomasmühle Oschitz
6. Johann Heinrich Wolfram, Glücksmühle Schleiz
7. Johann Heinrich Nicklas, Helbigs Mühle
8. J. C. Schmidt, Herrnmüller Schleiz
9. Friederich Gabriel Bäcker, Holzmühle Oettersdorf
10. Johann Karl Wolfram, Kühn-Müller (Burkhardtsmühle) Wüstendittersdorf
11. Christian Erdmann Meißgeyer, Schmidtenmüller, Lössau
12. Friedrich August Riedel, Neumühle Lössau
13. Christian Friedrich Schöbel, Lößmühle Lössau
14. Christian Gottfried Groschupp, Hammermühle Langenbuch
15. Christoph Friederich Richter, Mühle Langenbuch

16. Johann David Riedel, Bessermühle Mühltroff
17. Christian Friedrich Preller, Lippoldsmühle Mühltroff
18. Meister Johann Adam Grimm, Herrenmühle Mühltroff
19. Johann Michael Eisenschmidt, Obermühle Mühltroff (stammt aus Grün bei Lengefeldt)
20. Johanna Christiana Müllizerin (Militzer), (Witwe), Schlagmühle Unterkoskau
21. Johann Peipp (Peip) Mittelmühle Oberkoskau
22. Johann Heinrich Rudolph, Obermühle Oberkoskau
23. Johann Michael Eisenschmidt Ottenmühle Willersdorf, (nicht verwandt mit Nr. 19)

Ottenmühle um 1900 (Privatbesitz). Sammlung Familie Eisenschmidt

Links die Schneidemühle, rechts das Wohnhaus, davor die alte Eiche, im Vordergrund links die neue E-Station. Foto: Jürgen Knoch

1827 wurde die Mühle mit einer Schneidemühle erweitert. Bis 1919 wurde die Schneidemühle mit einer einblättrigen Säge betrieben. Das muss ein immenser Kraft- und Zeitaufwand gewesen sein. Bei den heutigen Sägewerken können die Sägegatter in beliebiger Reihe erweitert werden, um einen Stamm in einem Arbeitsgang zu Brettern zu schneiden. Das gesamte Grundstück wurde im Laufe der Jahre zu einem geschlossenem Mühlenhof mit Wohnhaus, Scheune, Stallungen, Turbinenhaus und der gesonderten Schneidemühle nebenan.

Mühlgraben mit Mühlteich (heute verkleinert). Foto: Jürgen Knoch

Die Mühle hatte zwei Mühlräder zum Antrieb der Mühle und der Schneidemühle.

Die Mahlmühle war bis 1920 in Betrieb. Ab da nur noch die Schneidemühle und die Landwirtschaft.

Über dem Eingang der Schneidemühle hat Johann Michael Eisenschmidt ein Holzschild angebracht: *„Anno 1827 den 1. November, Gott segne den Anfang, den Eingang und Ausgang bis in alle Ewigkei – Amen Johann Michael Eisenschmidt."* (Schild hängt heute in der Schneidemühle über dem Fenster)

Eduard Eisenschmidt stockte die Scheune 1887 auf. Seine Initialen sind im Fachwerk zu erkennen. In den Mauern des Stallgebäudes sind ebenfalls Jahreszahlen 1799 und 1800 zu erkennen.

Jahreszahl am Stall

Der letzte männliche Erbe war Helmut Eisenschmidt, er betrieb Landwirtschaft und die Schneidemühle mit seiner Frau. Die Wasserkraftnutzung wurde zu DDR-Zeiten eingestellt. Die eingebaute Turbine steht seit 2008 still.

Mühlrad-Abriss 1966 (Gedenkplatte). Fotos: Jürgen Knoch

Er baute ein 12 Blättriges Vollgatter in der Schneidemühle ein, alles mit Elektrizität angetrieben. Die Genehmigung erhielt er erst 1975. Hobby mäßig züchtete er auch Karpfen und Schleien für die Kirmeszeit. Holger Eisenschmidt von der Obermühle Oberkoskau fertigte ein Modell der Mühle 1:5 an. Es wurde zu Festen in Willersdorf früher gezeigt. Jetzt ist es eingepackt und wartet auf seinen neuen Einsatz. Dem Heimatverein Willersdorf hatte ich dies empfohlen, zur Bereicherung des Deutschen Mühlentages.

Mühlenbesitzer der Ottenmühle,
Lehnträger war die Kirche Mißlareuth

1. Um oder vor 1600 Familie des Hans Ott (Otten) aus Gefell, Errichter der Mühle, †1634
2. 1613–1629 Nickel Puklitzsch (Buklitsch), Schwiegersohn?
3. 1629–1635 Nickel Puklitzsch (Sohn gleichen Namens)
4. 1635–1679 Wolf Preßler (Schwiegersohn)
5. 1679–1706 Jacob Peßener (Besserer)
6. 1706–1745 Hanß Georg Sippel (Schwiegersohn)
7. 1745–1752 Pächter von Sippel: Adam Peßerer (Besserer)
8. 1752–1763 Christoph Hadlich (Schwiegersohn), setzt Johann Erhard Strobel als Pächter ein
9. 1763–1769 Johann Erdmann Hadlich (Sohn, finanzielle Schwierigkeiten)
10. 1770–1804 Johann Christoph Eisenschmidt (Kauf)
11. 1804–1842 Johann Michael Eisenschmidt (Sohn)
12. 1842–1920 Johann Friedrich Eduard Eisenschmidt (Sohn)
13. 1920–1949 Arno Richard Eisenschmidt (Sohn)
14. 1949–2008 Helmut Walter Eisenschmidt (Sohn)
15. 2008–2018 Hedwig Eisenschmidt (Witwe)
16. 2018– Elke und Steffi Eisenschmidt (Töchter)

Literatur: 4, 5, 6, 7

Bucklisch-Mühle (Schrotsmühle)

bei Willersdorf

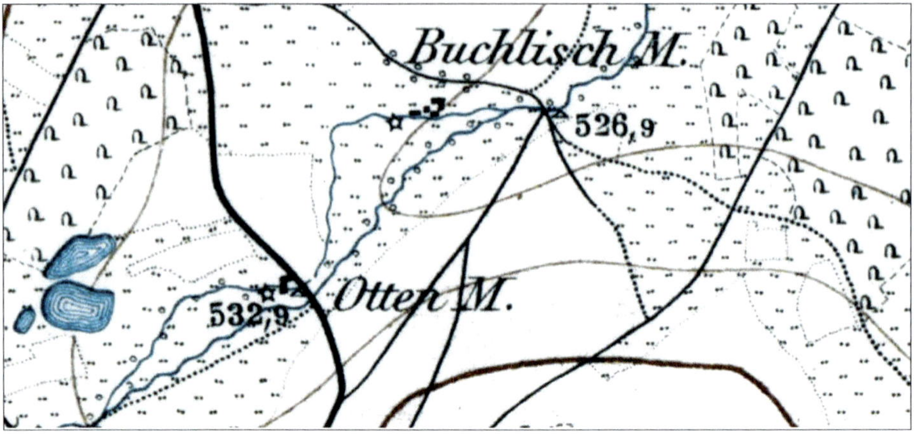

Otten- und Bucklisch-Mühle 1877. (Auszug) Kupferstich Section Misslareuth (Nr. 141.) Lithographie und Druck von Giesecke und Devrient, Leipzig 1878. Bearbeitet im topographischen Bureau des Königlichen Generalstabes. Direction Oberst Vollborn. Gezeichnet vom Ingenieur=Geographen A. Kiesling.

Erste Erwähnung von einem Nicol Puklitzsch (Bucklitzsch) 1592. Sein Vater Hans war vor ihm der Besitzer. Die Schreibweisen des Namens variieren. Die Ottenmühle ist vermutlich zur gleichen Zeit erbaut worden, da ein Nickel Pucklitzsch als Mühlenbesitzer angezeigt wird. Die Schreibweisen der Namen entstanden *„wie gehört, wurde es aufgeschrieben“*. Der gemeinsame Mühlgraben spricht für die verwandtschaftlichen Beziehungen. Die letzte Variante ist Bucklischmühle (1857). Name der Mühle stammt vom Erbauer und ersten Besitzer. Kein Datum bisher gefunden, wann sie erbaut wurde. Sie ist der Kirche Mißlareuth lehnspflichtig. Der Mühlgraben verlief laut der Karte nach der Ottenmühle weiter bis zur Bucklischmühle. Damit könnte ein oberschlächtiges Wasserrad wahrscheinlich eingebaut gewesen sein. Da sie im Volksmund auch Schrotsmühle hieß, handelte es sich um eine Getreidemühle, die anfangs gemahlen hatte, später nur noch geschroten.

Später tauchen die Familie Heller, Rink und Hegner auf. Die Mühle bleibt immer in der Familie. Einheiraten ist gestattet. Über die Ausstattung der Mühle wurde bisher nichts gefunden. Im 20. Jahrhundert wurde nur noch geschrotet bis zum Tod des letzten Müllers.

Altes Bild der Mühle ca. 1920. Sammlung Heimatverein Willersdorf

Der Mühlgraben verlief zwischen den Bäumen rechts im Bild. Ein kleiner Mühlteich war auch vorhanden.

Zu Beginn der 60-er Jahre wurde die Mühle abgerissen. Baumateriallager für die umliegenden Orte und späterer illegaler Schuttplatz.

Bucklisch-Mühle am 9.4.1945, US-Luftbildflug Nr.: 1945160, Bild Nr.: 2127 © GDI-Th.

Heutige Ansicht des Geländes. Fotos: Jürgen Knoch

Auslauf in die Wisenta

Mühlenbesitzer Bucklisch-Mühle (Schrotsmühle)

Vor 1592	Hans Puklitzsch
1592–1633	Nickol Puklitzsch
1633–1650 (?)	Hans Puklisch (Bucklisch)
1650–1656 (?)	Hans Heller der Ältere kein Jahr genannt (Schwiegersohn)
1656–1660	Hans Heller der Jüngere (Sohn)
1660–1710	Matthes Heller (Sohn)
1710–1735	Johannes Heller (Sohn)
1735–1754	Andreas Rink (Schwiegersohn, stammt aus der Lippoldsmühle)
1754–1760	Beständerin Anna Margarethe Rink
1760–1801	Johann Nikol Hegner (Schwiegersohn)
1801–1820	Heinrich Gottlob Hegner (Sohn)
1820–1857	Johann Heinrich Gottlieb Hegner (Sohn)
1857–1868	Johann Heinrich Gottlieb Hegner (Sohn gleichen Namens)
1868–1900	Caroline Alwine Augustine Sachs geb. Hegner (Tochter)
1900–1958	Franz Lebrecht Schroth (Schwiegersohn)

Literatur: 6, 7, 8

Obermühle Oberkoskau

Ober- und Mittelmühle Oberkoskau 1901. Karte vom Oberlande der Fürstentümer Reuss. Nach amtlichen Unterlagen bearbeitet von Eduard Brossmann

Die Entstehung der Mühle muss vor 1350 durch die Herren von Oschitz erfolgt sein.

Heinrich von Oschitz schenkte 1350 die Einnahmen der Obermühle dem Nonnenkloster zu Saalburg (Kloster).

Mühlstein der Obermühle. Foto: Jürgen Knoch

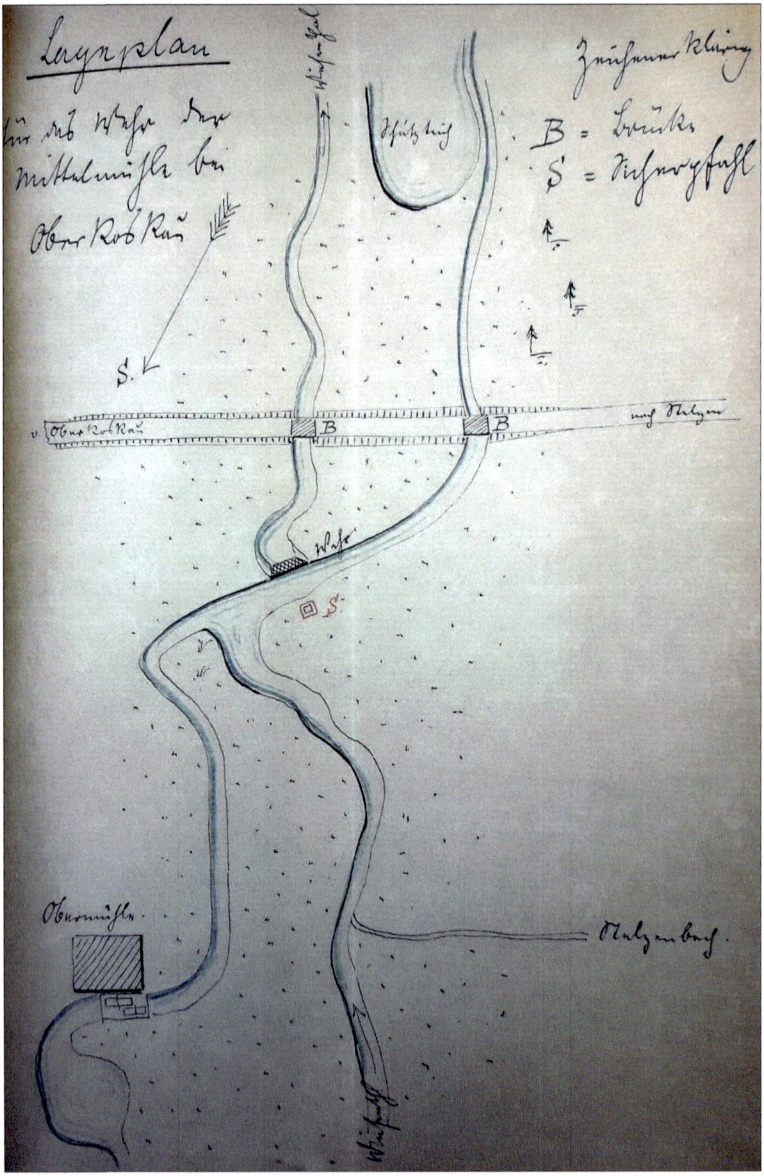

Wisentaverlauf an der Obermühle

Sie hatte zwei Mahlgänge und eine Schneidemühle. Heute bewohnt der Sohn des letzten Besitzers mit Familie das Anwesen. Er betreibt ein Sägewerk und eine kleine Landwirtschaft.

Altes Wasser-Wehr

Alter Mühlgrabenzulauf (verfüllt)

Auslauf in Richtung Wisenta (zugeschüttet). Fotos: Jürgen Knoch

Seite der Schneidemühle

Alte Mühle. Fotos: Jürgen Knoch

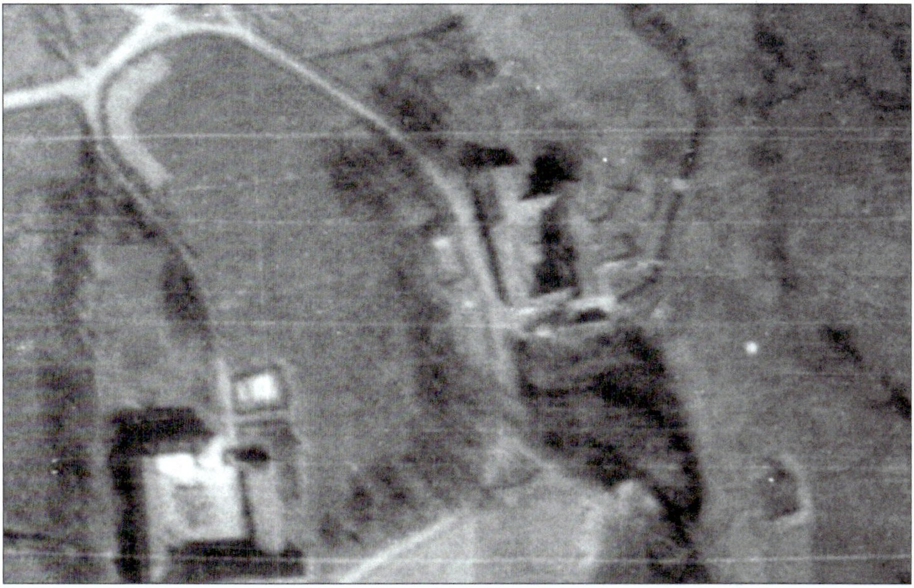

Obermühle am 9.4.1945, US-Luftbildflug Nr.: 1945160, Bild Nr.: 1081 © GDI-Th.

Obermühle am 21.7.2013, Bildflug-Nr. 201306, Bild Nr.: 0600 © GDI-Th.

Mühlteich (war viel größer). Foto: Jürgen Knoch

Mühlenbesitzer Obermühle Oberkoskau

Bis 1350	Heinrich von Oschitz Gutsbesitzer in Oberkoskau
1350–1533	Kloster zum Heiligen Kreuz Saalburg/Kloster
1533–?	Säkularisation des Klosters
Vor 1592–1608	Hans Luft
1608–1634	Veit Luft der Ältere
1634–1656	Thomas Luft
1656–1664	Johannes Luft
1664–1691?	Johannes Tittel (Dittel)
1691–1724	Adam 2 Rudolph (Schwiegersohn), (2 da sein Vater auch so genannt wurde)
1724–1757	Adam Rudolph (Sohn)
1757–1759	Johann Adam Rudolph (Bruder)
1759–1781	Maria Catharina Rudolph als Beständerin mit Kindern
1781–1818	Johann Heinrich Rudolph (Sohn)
1818–1870	Johann Heinrich Christoph Rudolph (Sohn)
1870–1925	Gottlieb Friedrich Eduard Eisenschmidt (Käufer)
1925–1952	Oskar Edwin Eisenschmidt (Sohn)
1952–1990	Erich Walter Eisenschmidt (Sohn)
1990–2019	Ehrenfried Erich Eisenschmidt (Sohn)
2019–	Michael Eisenschmidt (Sohn)

Literatur: 6, 7, 9

Mittelmühle Oberkoskau

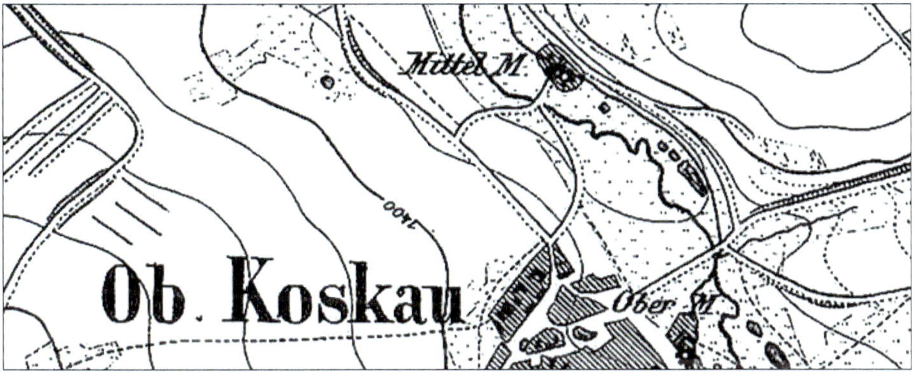

Mittelmühle Oberkoskau 1873. Karte Gefell 3241 im Jahre 1873, aufgenommen vom Kgl. General-Stabe im Jahr 1855; Herausgegeben vom Kgl. Ministerium für Handel

Nach alten Überlieferungen stand die Mittelmühle an der Oberkoskauer-Spielmeser Grenze und ist erst im Ende 17. oder Anfang des 18. Jahrhunderts an die heutige Stelle gekommen. Ursache soll das wenige Wasser gewesen sein. Die Mühlenbesitzer ließen einen Brunnen graben

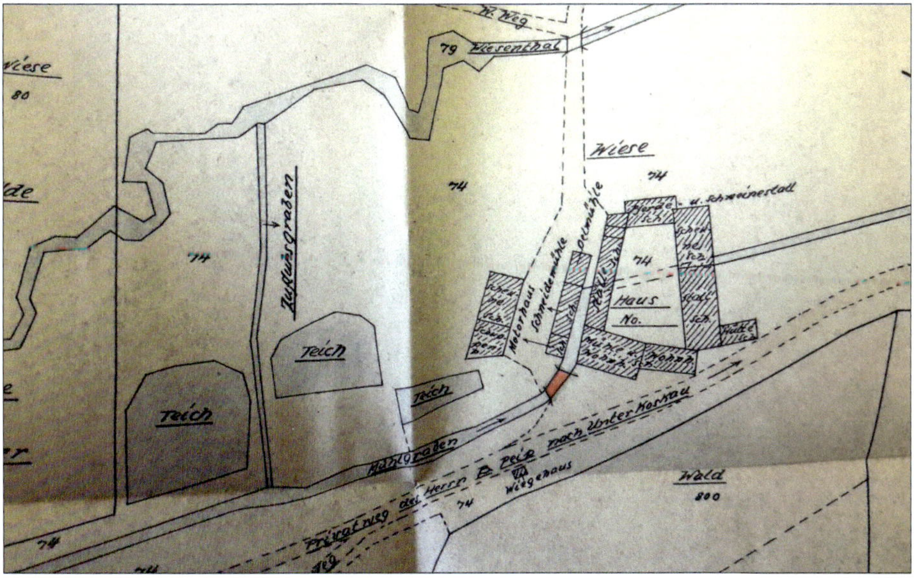

Grundrisszeichnung Mittelmühle. Sammlung Familie Wolf

auf der Stelzener Flur und leiteten das Quellwasser in den Mühlgraben ca. 200 m vor der heutigen Mühlgrabenbrücke. Das Wasser soll so rein gewesen sein, dass man es auch als Trinkwasser entnahm.

Das Wasserrad war oberschlächtig.

Die erste Erwähnung fand ich in der Ahnentafel Bernd Militzer mit Hans Luft 1606 (Beginn des Kirchenbuches). Weitere Besitzer aus der Ahnentafel Thomas Heller (meine Linie). Die Mittelmühle war immer in privater Hand der Familie Peip ab diesem Zeitraum. Reihenfolge siehe unten. Die Namensänderungen der Mühlenbesitzer sind auf einheiratende Schwiegersöhne zurückzuführen.

Der Mühlgrabenauslauf ging über den Hof nach der Scheune durch den Garten in die Wisenta.

Die Mühle bestand aus einer Mahl-, Schneide- und einer Oelmühle. Sie wurde durch ein oberschlächtiges Mühlrad angetrieben. Später zu Beginn des 20. Jh. wurde auch Strom zum Antrieb verwendet.

Der letzte Besitzer Bernhard Peip wurde ab dem 19.10.1945 enteignet und als ehemaliges Parteimitglied der NSDAP in Haft genommen. Für kurze Zeit kamen Vertriebene des 2. Weltkrieges in den Gebäuden unter.

1946 wurde die MAS (Maschinen-Ausleih-Station) gegründet, auf dem Gelände der Mühle. Von 1956 an wurde sie zur MTS (Maschinen-Traktoren-Station) umfirmiert. 1962 übernahm dann die LPG bis zur Wende 1989. Sie vermietete das Mühlengebäude.

Von 1967–1980 zog die Schneiderei Gröll aus Tanna hier ein. Sie hatte 12 Angestellte, die Kleidung produzierten. 1980 zogen sie nach Tanna um. Der Standort in Tanna, besteht heute noch, aber in anderer Form.

Heutige Gesamtansicht der Mühle. Foto: Jürgen Knoch

Am 19.12.1982 brannte der Dachstuhl der Mühle ab. Daraufhin wurde auf das Untergeschoß ein neues Dach durch die LPG aufgebaut.

Die Mühle war schon ausgeräumt wegen der Schneiderei. Das Wehr wurde in den 60-er Jahren entfernt und der Mühlgraben verschlossen. Geblieben war das Oberflächenwasser im Graben.

Mit der politischen Wende 1989 ging die Immobilie an die Treuhand über. Sie konnte aber nur das Getreidelager verkaufen, zuerst an einen Vietnamesischen Bürger später verkaufte dieser an einen polnischen Bürger.

Mühlgraben Auslauf in die Wisenta (heute nur noch Oberflächenwasser)

Mühlengebäude nach dem Wiederaufbau (ohne das Obergeschoss).
Fotos: Jürgen Knoch

2015 übernahm die Firma Wolf Gerüstbau das gesamte Gelände, Herr Wolf musste den letzten Besitzer ausfindig machen, da er alles verkommen ließ. Herrn Wolf strebte aber die Gesamtheit des alten Bestandes an. Familie Peip hatte bei der Treuhand die Rückgabe des Eigentums gefordert. Firma Gerüstbau musste den Zufahrtsweg zur Mühle von den Peip Erben abkaufen.

Die kleine Scheune und Schuppen wurden zu Wohnzwecken für die Familie Mergner umgebaut.

Mühlenbesitzer Mittelmühle Oberkoskau

Vor 1606–1608	Hans Glück
Vor 1592–1634	Veit Luft (ältere)
1634–1656	Thomas Luft, auf beiden Mühlen genannt
1656–1685	Johannes Luft, bis 1664 beide Mühlen
1685–1712	Andreas Rink (Schwiegersohn?)
1712–1748	Christian Rink (Sohn)
1748–1792 (†)	Johann Nicolaus Peip (Schwiegersohn)
1792–1825	Johannes Peip (Sohn)
1825–1867	Johann Wilhelm Friedrich Erdmann Peip
1867–1898	Johann Ferdinand Alwin Peip (Sohn)
1898–1935	Wilhelm Julius Louis Peip (Teilnehmer 1. WK)
1935–1945	Bernhard Peip (Sohn, Enteignung)
1946–1956	MAS (Maschinen-Ausleih-Station)
1956–1962	MTS (Maschinen-Traktoren-Station)
1962–1989	LPG (Landwirtschaftliche-Produktions-Genossenschaft) Typ 1–3
1967–1980	Untermieter in der Mühle – Schneiderei Gröll
1990–2014	Treuhandanstalt
2002–2014	nur das Getreidelager zuerst ein Vietnamesischer Bürger mit deutschem Pass, dann ein Polnischer Bürger
Ab 2015	ROWO Gerüstbau Unterkoskau Familie Wolf

Literatur: 6, 7, 10

Mittelmühle am 9.4.1945, US-Luftbildflug Nr.: 1945160, Bild 1081 © GDI-Th.

Mittelmühle am 21.7.2013, Bildflug-Nr. 201306, Bild Nr.: 0600 © GDI-Th.

Schlagmühle Unterkoskau

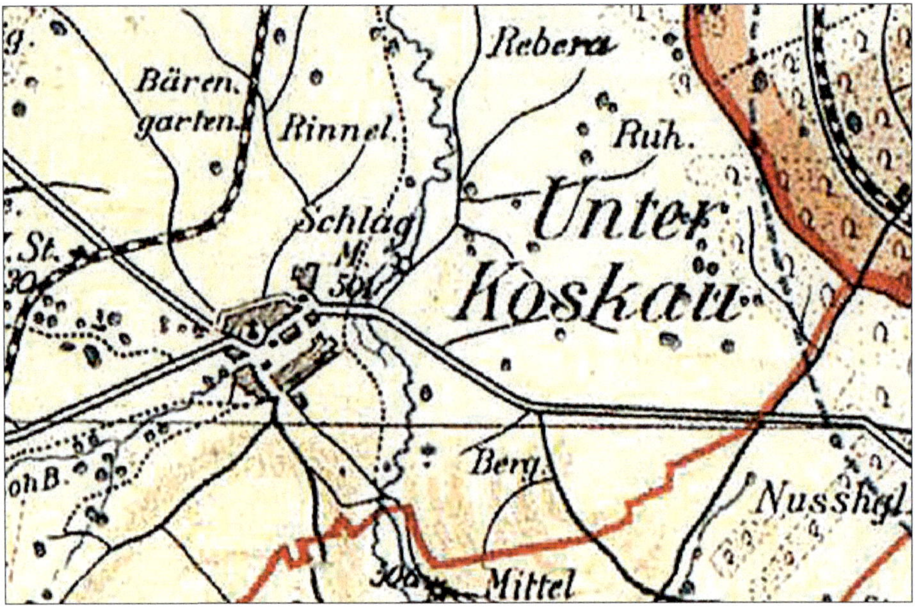

Kartenausschnitt Ober- und Unterkoskau mit den Mühlen 1901. Karte vom Oberlande der Fürstentümer Reuss. Nach amtlichen Unterlagen bearbeitet von Eduard Brossmann

Die Mühle hatte zwei Mahlgänge, die bis 1936 in Betrieb waren, mit einem Wasserrad durch Wasserkraft angetrieben. Ab dieser Zeit mit einer 14 KW Turbine. 1956 wurde auf Elektroantrieb umgerüstet, der regulär noch bis 1960 in Betrieb war. Ab da wurde nur auftragsbezogen geschrotet bis 1966. Bis 1989 nur noch gelegentlich. Mühlgraben und Mühlteich sind schon verfüllt.

Karl Zöphel schrote noch bis 1989 Auftragsarbeiten unregelmäßig.

Detail aus der Mühle vor dem Ausräumen

Vorderseite der Mühle mit Mühlgraben. Sammlung Familie Nebel

Mühlteich vor der Mühle. Sammlung Familie Nebel

Erinnerungsschild über der Mühlentür innen. Fotos: Jürgen Knoch

Wer kann nun diese Mühl
Als nur das Wasser bewegen.
Und woher kombt uns glück u. und aller reicher
Sege. Es kombt allei von Gott und seiner
Allmachts Kraft. Der alles waß geschigt
Durch seine Weißheit schafft
Heinrich Gottlob Militzer 1788 8. Juli

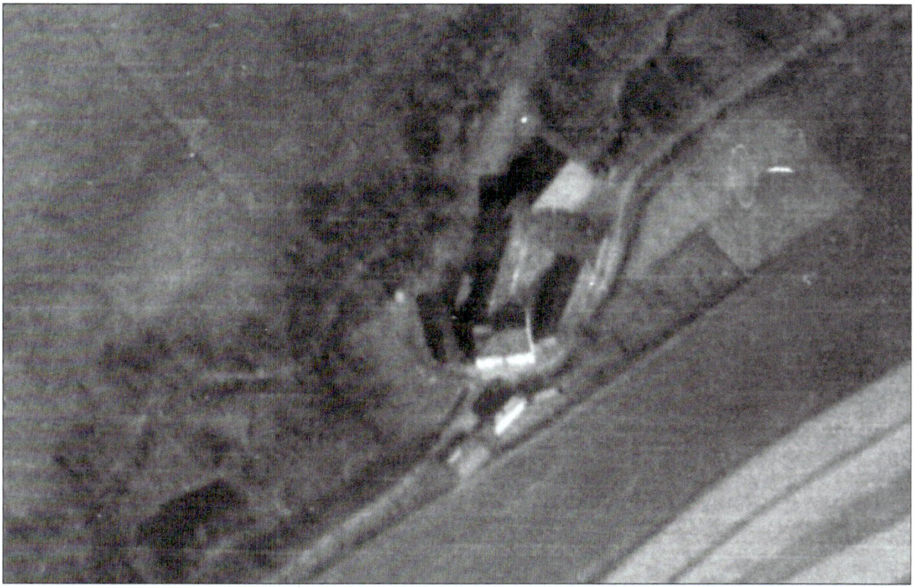

Schlagmühle am 9.4.1945, US-Luftbildflug Nr.: 1945160, Bild Nr.: 1081 © GDI-Th.

Schlagmühle am 21.7.2013, Bildflug-Nr. 201306, Bild Nr.: 0600 © GDI-Th.

Mühlgebäude und heutiges Wohnhaus der Familie Nebel

Mühlenbesitzer Schlagmühle Unterkoskau

Vor 1592–1606	Thomas Glück (1592 im Einwohnerverzeichnis)
Vor 1606–1631	Hans Glück (Beginn Kirchenbuch)
1631–	Hans Glück (Sohn), Heirat 1634
16.. –1723	Johann Glück
1723–1782	Johannes Militzer
1782–1788	Johann Christoph Militzer
1788–1803	Johann Georg Militzer
1803–1809	Johann Heinrich Gottlieb Militzer
1809–1818	Johanna Christina Militzer, Beständerin und Witwe
1818–1849	Johann Christian Wolf Zöphel, 2. Ehemann
1849–1906	Carl Friedrich Gottlieb Zöphel
1906–1937	Gustav Alwin Zöphel
1937–2011	Karl Zöphel, (Auftrags-Schroten bis 1989, ab da nur noch für Wohnzwecke)
2011	Ilona Zöphel, verh. Nebel

Literatur: 6, 7, 13

Die Obermühle Mühltroff

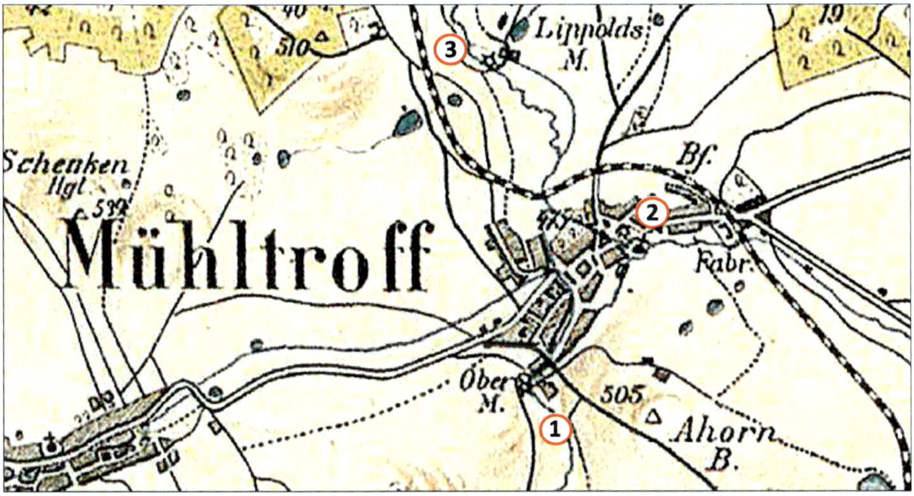

1 – Obermühle, 2 – Herrenmühle, 3 – Lippoldsmühle 1901. Karte vom Oberlande der Fürstentümer Reuss. Nach amtlichen Unterlagen bearbeitet von Eduard Brossmann

Sie befindet sich am Ortseingang aus Richtung Unterkoskau. Ihr Name leitet sich vom Standort ab. Die erste Erwähnung liegt nach dem Bauernkrieg (1527) in Verbindung mit Strafgeldern wird ein „Nickel Müller Jacob“. Müller in diesem Falle als Berufsbezeichnung im Namen. In den Türkensteuerlisten 1531 taucht er wieder auf, dieses Mal als Nickel Jacob, als erster Besitzer der Mühle.

Im ältesten Amtshandelsbuch von 1564 wird ein Hans Jacob als Müller angegeben.

Der Name Jakob bleibt bis 1636 bestehen, da übernimmt der Verlobte der ältesten Tochter von Christoph Jacob, Dorothea, Michael Hopf von Rodau die Mühle. Ein Jahr später taucht Hans Roth von Koskau auf und wird als 2. Bräutigam bezeichnet. Sie heiraten 1637. Er setzt Hans Becher als Pächter der Mühle ein. Er wird a. 14.03.1640 in einer Taufurkunde als Müller genannt. Hans Roth übergibt die Mühle an die Herrschaft 1658/59. Somit wird der Herrenmüller Georg Simon Obermüller. In dieser Zeit wurde eine Pulvermühle errichtet. M. Frotscher konnte die Zeitspanne nicht eindeutig bestimmen. 1675 kauft Thomas Oertel aus Weckersdorf die Obermühle mit der „Pulvermühle und dem Neuen Hauße“ für 825 Gulden. Er verpachtet die Mühle, Pachtmüller in der Folge.

1682 taucht Oertel im Zusammenhang mit der Einführung des Mahlgroschens, als Steuerquelle wieder auf. Sein Pächter war Melchior Beyer. Er wurde, wie alle in der Gegend, mit Schleizer Scheffel abgerechnet. Über die Mühle wird in diesem Zusammenhang berichtet: *„Hat 2 Gänge, der 3. Ist nicht angerichtet“*. Von der Pulvermühle ist keine Rede mehr.

Obermühle im Jahr 2020

Blick zum ehemaligen Mühlenteich 2020. Fotos: Jürgen Knoch

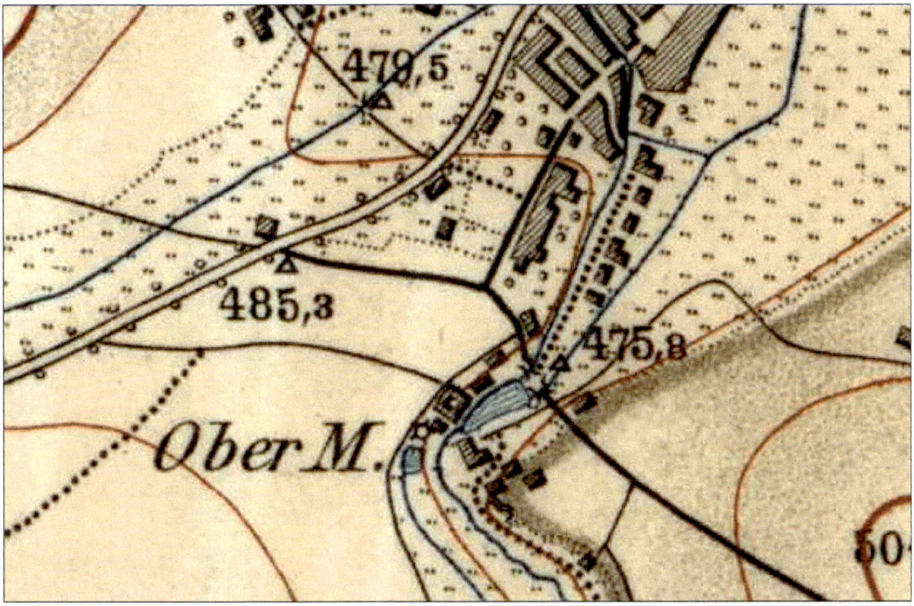

Obermühle 1878. (Auszug) Karte Section Pausa (Nr. 132.) Lithographie und Druck von Giesecke und Devrient, Leipzig 1878. Bearbeitet im topographischen Bureau des Königlichen Generalstabes. Direction Oberst Vollborn. Gezeichnet vom Ingenieur=Geographen A. Kiesling.

1787 kaufte Gottlob Christian Renatus Starke von Frau Johanne Friederike Krahmer die Obermühle.

1797 tritt die Müllerfamilie Eisenschmidt auf den Plan mit der Linie Grün bei Lengefeldt, mit Johann Michael Eisenschmidt in 3 Generationen bis 1878. Nach Wiederverheiraten der Witwe des Enkels übernimmt Carl Theodor Scholler aus Mödlareuth die Obermühle bis 1893. Jetzt folgt August Ernst Gustav Lieber aus Mötzelsbach in Sachsen-Anhalt. Nach seinem Tod 1894 übernimmt seine Witwe die Mühle bis zum Verkauf an nächst genannten Müller.

Im Jahr 1898 kaufte Friedrich August Dennstädt die Mühle. Er war gleichzeitig Bauherr und Stadtratsmitglied. Friedrich Otto Liebold war vermutlich Pachtmüller bei ihm. Er heiratete 1917. Danach übernahm Friedrich Otto Liebold die Geschicke der Mühle. 1945 wurde der Mahlbetrieb eingestellt.

Die Mühle mit der Schneidemühle wurde bis 1954 betrieben und wurde ab dem Jahr stillgelegt. Die Gebäude sind immer noch im Besitz der Familie Liebold und werden seit dieser Zeit zu Wohnzwecken genutzt.

Mühlenbesitzer der Obermühle

1527–1542	Nickel Jacob als Müller
1542–1577	Hans Jakob (Sohn)
1577–1636	Christoph Jacob (Sohn)
1636	Michel Hopf 1. Schwiegersohn
1637–1658	Hans Roth 2. Schwiegersohn
1658–1675	Herrenmüller Mühltroff, Georg Simon
1675–1694	Thomas Oertel 1682–1694 Herrenmüller, mit den Pachtmüllern, 1660 Christoph Nitsche, 1665 Martin Hase, 1667 Adam Hopf, 1674 Abraham Schmeiser, 1682 Melchior Beyer
1695–1696	Erbengemeinschaft Anna Barbara Oertel mit Kindern
1696–1720	Christian Glück, mit den Pachtmüllern: 1690 Thobias Haßler, 1693 David Fritzsche
1720–1743	Erbin Sabina Elisabeth Glück verheiratete Heße
1743–1784	Johann Wilhelm Lippold
	1784 Lippolds Erben, Christiane Sophie von Reitzenstein auf Tausa, Friederike Johanne Krahmer
1785–1787	Kauf der Mühle durch Johanne Krahmer
1787–1797	Christian Renatus Starke (aus der Beyersmühle)
1797–1811	Johann Michael Eisenschmidt (Müller in Grün bei Lengenfeldt)
1811–1865	Carl Friedrich Eisenschmidt (Sohn)
1865–1877	Wilhelm Heinrich Eisenschmidt (Sohn)
1877–1878	Beständerin Witwe Christliebe Dorothee Eisenschmidt
1878–1893	Carl Theodor Scholler heiratet Witwe
1893	August Ernst Gustav Lieber
1894–1898	Beständerin Witwe Emma Albine Lieber
1898–1918	Friedrich August Dennstädt
1919–1945	Friedrich Otto Liebold, Stilllegung der Mühle
1945–1954	Rudi Hans Liebold, Abriss Schneidemühle

Literatur: 14, 15, 16, 17, 18, 82

Stadt- oder Herrenmühle in Mühltroff

Sie befindet sich am Ortseingang aus Richtung Unterkoskau.

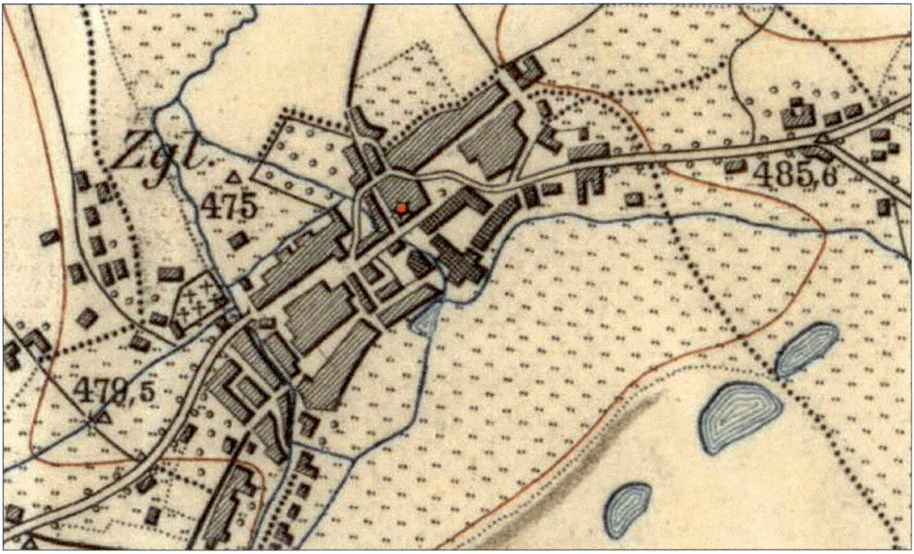

Herrenmühle 1878 (roter Punkt) (Auszug) Kupferstich Section Pausa (Nr. 132.) Lithographie und Druck von Giesecke und Devrient, Leipzig 1878. Bearbeitet im topographischen Bureau des Königlichen Generalstabes. Direction Oberst Vollborn. Gezeichnet vom Ingenieur=Geographen A. Kiesling

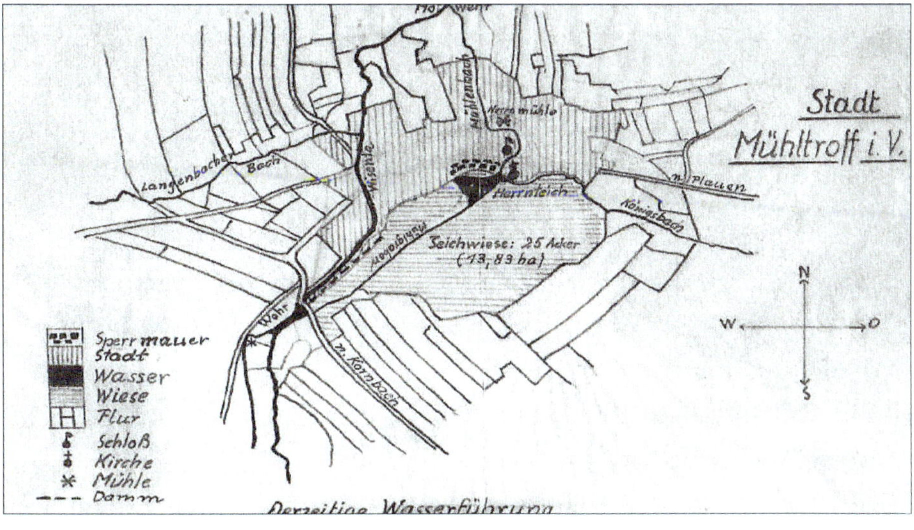

Der große Teich im alten Stadtplan von 1841 nach Frotscher

Durch die Lobdeburger entstanden einzelne Herrensitze, bedingt durch Erbteilungen. Als Hartmann IV. um 1240 verstarb, ging der südliche Teil an die Geraer Vögte. Sie mussten in der Folge bedingt durch Vaters Schulden, die Nutzungsrechte am Fisch- und Mühlteich in Muldorf „dem Deutschen Haus" übertragen.

1377 gehörten Mühltroff und Langenbuch zu den Markgrafen von Meißen. Während Lössau und Kirschkau zu den Vögten von Gera zählte.

Ihre erste Erwähnung ist aus dem Jahre 1378 teilte der markgräfliche Vogt Hans Froner in einem angelegten Register über das Schloss Mühltroff: im damaligen Sprachgebrauch heißt es, *„eine Mühle hinter dem Schloss ingleichen die Mühle eine halbe Mühle unter dem Haus"*.

Die andere Mühlenhälfte gehörte dem Mühlenbesitzer von Langenbuch. Schon nach dem Bau des Schlosses nach 1306 kam die Mühle zur Hälfte in herrschaftlichen Besitz. Die Chronik von Mühltroff sagt aber, die zweite Hälfte war städtisch. Bis 1532 war sie die Stadtmühle.

1532 wurde sie erstmalig Herrenmühle genannt und aus der Steuerpflicht entlassen. Das würde bedeuten, dass der halbe Teil an den Herren Hans Edler Sack überging.

1542 entschied der sächsische Kurfürst Johann Friedrich von Sachsen einen Streit des Schlossherren „Hans Edler Sack zu Mühltroff" selig durch seinen Sohn Caspar Sack mit seinen vier Müllern der Herrenmühle, Bessermühle, Lippoldsmühle und Obermühle wegen der Baufron am Schloss. Sie müssen maximal 14 Tage die Ausbesserung der Schlossmauern fronen bei Erlassung der Auslagen und eigenen Kosten.

Dabei wird der erste Mühlenpächter Cunrat Leuner 1542 genannt.

1558 wird er ebenfalls genannt Cunrat Leuner (Leierer).

1570 wird ein Balthasar Franz auf der Herrenmühle angezeigt.

1593 wechselt die Familie Franz zur Bessermühle.

1651–1664 Georg Simon Herrenmüller bis zum Wiederverkauf der Obermühle 1675 übernimmt er diese einige Jahre mit.

1682 ist der Mühltroffer Gerichts- und Eigentumsherr Freiherr von Bodenhausen die Mühle hatte damals 4 Gänge und bezog sein Wasser aus der Wiesenthal. Der Pachtmüller war Thomas Oertel. Er hatte den Schleizer Scheffel zu benutzen 1 Scheffel = 1,85 hl.

Bis zum Tod 1694 war er Herrenmüller. Ob er schon nach Georg Simon eingesetzt war, konnte Frotscher nicht finden. Es scheint aber möglich, ab 1675, in dem Jahr kaufte er die Obermühle von der Herrschaft und setzte Pachtmüller ein.

1762 brannte die Herrenmühle völlig ab. Gleich darauf wiederaufgebaut. Bis Mitte des 19. Jahrhunderts war sie herrschaftlicher Besitz. Sämtliche Müller bis dahin waren Pachtmüller.

Unter dem Mühltroffer Herrn Otto von Bodenhausen wurde ein Wegebenutzungsentgeld eingeführt, dies betraf zuerst die alte Reichstraße, danach folgten 8 weitere Straßen um Mühltroff. Bei der sächsischen Finanzkontrolle 1833 flog die illegale Geldeinnahme auf und wurde untersagt.

1857 wird erstmals ein bürgerlicher Eigentümer mit Johann Adam Zürbig als Herrenmühlen Besitzer aufgezeichnet. 1874 brannte die Mühle wieder ab. Nach dem Wiederaufbau wurde ab 1913 zusätzlich mit einem Elektromotor betrieben. Seine Erben verpachteten sie ab 1927-1952 an Kurt Valtin. Ab 1952–1963 dann an die Familie Herbert Weiß weiter verpachtet. Ab 1963–1970 ist sie Eigentum der Familie Herbert Weiß. Bis 1970 war noch Mahlbetrieb. Ab 1970 übernahm Sohn Ulrich mit Frau die Mühle bis zur Wende. Aus gesundheitlichen Gründen gab er seine Tätigkeit als Müller auf. Heute steht sie unter Denkmalschutz und wird als Wohnhaus der Familie Weiß gemäß den Statuten genutzt. Mühlgraben und Wasserrechte wurden an die Stadt übergeben.

Der große Teich vor seiner Trockenlegung. Alter Stich

Schneidemühle als Vorbau der Mühle bis zum Straßenausbau 1956 bis 1959 abgerissen. Sammlung Familie Weiß

Mühlgraben der Herrenmühle (Blick Richtung Schloss). Sammlung Familie Weiß

Herrenmühle Mühltroff Wiederkehr aus dem 1. Weltkrieg.
Sammlung Familie Weiß

Heutige Ansicht mit dem Mahlstein. Foto: Jürgen Knoch

Mühlenbesitzer/Pächter der Herrenmühle

1531	Conrad Töltz letzter Stadtmüller
bis 1532	Stadtmühle
vor 1532–1604	Edle Säcke von Mühltroff
1532–1541	Conrad Töltz
1542–1558	Cunrat Leuner, Pachtmüller
1558	Cunrat Leuner (Leierer) – gleichzeitig die Langenbucher Mühle
1558	Tod des Cunrat, Witwe Catharina Leierer tritt als Beständerin für ihren Sohn Jobst auf, Vormund wird Franz Prager
Um 1570	Balthasar Franz als Pächter
1593	wechselt die Familie Franz nach Langenbuch-familiäre Bindungen
1604–1764	neuer Besitzer die Freiherren von Bodenstein, Einsatz von Pachtmüllern
1651–1664	Pachtmüller Georg Simon, 1682–1694 Thomas Oertel
1764–1805	Otto Carl Erdmann von Kospoth, für das Jahr 1797 benennt Brückner den Herrenmüller J. Paul Porst
1805–1809	Premierleutnant Heinrich von Holleufer auf Salsitz
1809–1820	Freiherr von Hünefeld auf Christgrün; Pachtmüller Johann Adam Grimm
1820–1822	Christian Friedrich Benold
1822–1833	Christian Gottlieb Graf von Hohenthal
1833–1852	Carl Friedrich Anton Graf von Hohenthal
1852–1849	Carl Julius Leopold Graf von Hohenthal
1849–1963	Familie Johann Adam Zürbig und seine Erben
1963–1971	Herbert Weiß
1971–1990	Ulrich Weiß – Aufgabe des Mühlendaseins

Literatur: 14, 15, 16 17

Die Lippoldsmühle bei Mühltroff

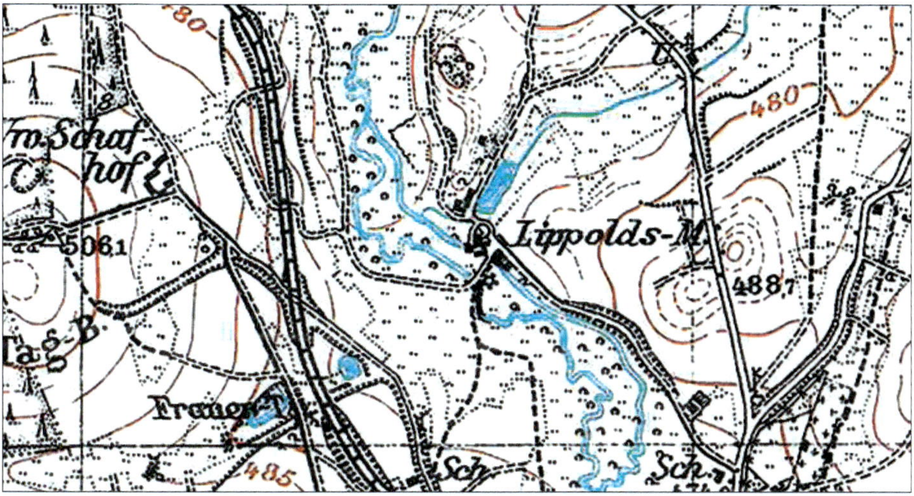

Lippoldsmühle 1927. Landesaufnahme Sachsen 1907, Herausgegeben 1909, berichtigt 1927 (Auszug)

Kommen wir nun zur Lippoldsmühle der 3. Mühltroffer Mühle. Sie befindet sich Richtung Langenbuch, ca. 500 m hinter dem Bahndamm, danach die erste größere Straße nach links abbiegen und hinter fahren. (Siehe Karte oben)

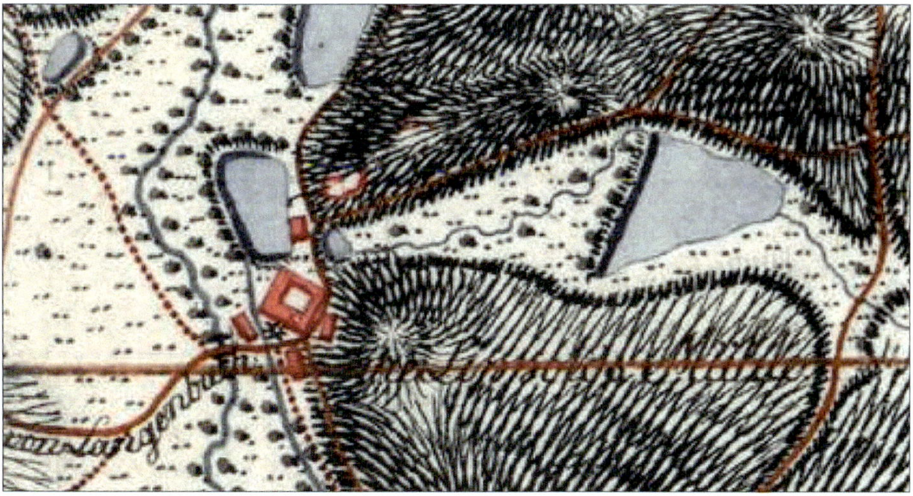

Lippoldsmühle 1794. Auszug Meilenblätter von Sachsen (Königsexemplar), Blatt 94, Friedrich Ludwig Aster

Die erste Mitteilung darüber stammt aus dem Jahre 1410 von einem Alt Nickel Lippold, er starb 1531. Sein Sohn Nickel Lippold (Leipold) – es treten verschiedene Schreibweisen nach Max Frotscher auf. Bis Mitte des 19. Jahrhunderts besaß die Mühle nur eine Schneidemühle mit Landwirtschaft.

Der Mühlteich wurde vom Mühltroffer Forst aus gespeist, konnte aber auch Wasser aus der Wisenta aufnehmen, wenn man entsprechende Lenkelemente betätigte.

Bis zum Jahr 1879, dem Brandjahr, wurde die Mühle mit der Landwirtschaft von verschiedenen Besitzern geführt. Nach dem Wiederaufbau 1880 wurde die Landwirtschaft auch gebäudemäßig sichtlich getrennt. Um 1900 wurde eine Dampfmaschine angeschafft.

1942 wurde sie durch einen Dieselmotor ersetzt. Die Mühle war ein „brauberechtigter Hof". Nach 1942 kam die Mühle kriegsbedingt zum Erliegen. Nach dem 2. Weltkrieg lebten 33 Menschen auf dem Hof, die etwas zu Essen brauchten. Die Mühle wurde danach mit einem Elektromotor weiter betrieben, der bis 1992 seine Arbeit verrichtete. Er trieb die Mühle, die mit 5 Walzenstühlen und einem Schrotgang ausgestattete Handelsmühle an. Sie besaß einen Schüttboden mit einer Kapazität von 30 t. Die Tagesleistung der Mühle erreichte bis 3 t Mahlgut.

Mühlenbetrieb mit Dampfmaschine um 1900. Sammlung Familie Prager

1953 endet der Betrieb der wasserangetriebenen Schneidemühle, da sie nur mit einem Blatt ausgestattet war. 1976 wurden die Mühlenbestandteile (Wasserseitig und Mühlgraben) rückgebaut. 1992 wurde der Betrieb eingestellt.

Heutige Ansicht der alten Mühle als Wohnhaus. Fotos: Jürgen Knoch

Mühlenbesitzer/Pächter der Lippoldsmühle

um 1475–1531	Alt Nickel Lippold
1531–1551	Nickel Lippold
1551–1575	Nicol Lippold Bruder von 2., (Vormund Lorenz Lippold)
1575–1618	Hans Lippold
1596	kaufen Lippolds Erben einen Teich oberhalb der Mühle
1618–1625	Catharina Lippold mit Lorentz Lippold als Beständerin (Vormund Arndt von Grün, da Hans Lippolt 1619 zur Hochzeit seiner Tochter weiland war)
1625–1630	Christoph Hilpert, ihr Schwiegersohn für ihren Sohn Merten Lippold
1630–1638	Margarethe Lippold geb. Hegner, Merten Lippold verstorben, am 3. Königstag 1630, seine Frau Margrethe am 29.09.1640 verstorben
1638–1682	Barthel Lippold am 23.09.1682 verstorben
1682–1687	Maria Lippold geb. Teuber Beständerin für die Kinder, im Erbvergleich erhalten
1687–1682	Hans Lippold
1682–	Andreas Rink, 1705 ist Sohn Andreas geboren, der spätere Bucklischmüller
1849	verkaufte Johann Adam Zürbig die Lippoldsmühle und wurde Besitzer der Herrenmühle Mühltroff
1865–1953	Johann Gottfried Valtin und Erben
1953–1976	Karl Prager (Sohn der Erben)
1976–1992	Erben Prager

Literatur: 14, 15, 16, 17

Der Mühlteich der Lippoldsmühle. Foto: Jürgen Knoch

Bessermühle bei Langenbuch

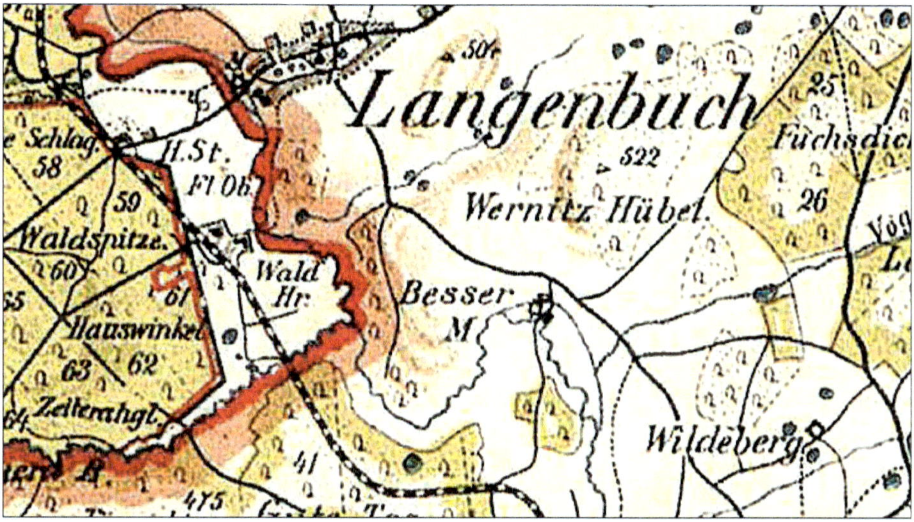

Standort der Bessermühle 1901. Karte vom Oberlande der Fürstentümer Reuss. Nach amtlichen Unterlagen bearbeitet von Eduard Brossmann

Richtung Langenbuch bewegt man sich weiter, ungefähr 3 km. In einem Kurvenbereich erkennt man die Reste einer alten Weidemelkanlage links unten vor der Wisenta.

Auch ihr Name leitet sich vom ersten Besitzer ab. Das Areal bestand aus Wohnhaus, Mühle, Schneidemühle, Stall, Scheune und Seitengebäude.

Bessermühle vor 1911. Archiv der Stadt Mühltroff

1531 wird ein Simon Besserer im Türkensteuer Register. Vorher sein Vater Georg Besserer.

Dieser taucht 1577–1590 erneut auf. Ab 1603 wird ein Balthasar Franz I. als Besitzer der halben Mühle genannt. Auffallend ist, dass die Söhne vor dem Tod des Vaters die halbe Mühle kaufen.

Die Langenbacher Bauern ließen hier ihr Getreide malen. Sie benutzten einen alten direkten Weg durch den Wald über den Schafhof zur Bessermühle.

Über die Ausrüstung der Mühle habe ich nichts gefunden.

1757–1760 Verpachtung an Johann Paul Wolff. Da Christian Stadtmüller in Elsterberg wird und dorthin heiratet.

Am 26.01.1911 brannte die Mühle total ab. Mühle wurde nicht wieder-aufgebaut.

Standort der Bessermühle 1878. (Auszug) Kupferstich Section Pausa (Nr. 132.) Lithographie und Druck von Giesecke und Devrient, Leipzig 1878. Bearbeitet im topographischen Bureau des Königlichen Generalstabes. Direction Oberst Vollborn. Gezeichnet vom Ingenieur=Geographen A. Kiesling

Mühlenbesitzer Bessermühle

1531–1545	Simon Besserer
1545-1577	Georg Jörg Besserer
1577–1609	Balthasar I. Franz, Sohn
1609–1633	Balthasar Franz II., Sohn vom Vorgänger
1634–1666	Hans der I. Franz jeweils Sohn, verheiratet mit Maria Besserer
1666–1722	Hans der II. Franz
1722–1754	Hanns Georg Franz
1754–1776	Christian Gottlieb Franz
Ab 1770	kauft Maria Franz die väterliche Hälfte, Christian Gottlieb konnte die Mühle nicht mehr halten.
Januar 1777	kauft Johann Paul Walther die Mühle (1777–1793)
November 1793	Johann Christian Lippold (Besitzer der Rittergutsmühle Zoppoten)
–	Keine weiteren Nachrichten gefunden.
1911	Brand in der Mühle – Totalschaden

Literaturverzeichnis: 14, 15, 16

Heutiger Standort. Foto: Jürgen Knoch

Dorfmühle/ Richtermühle Langenbuch

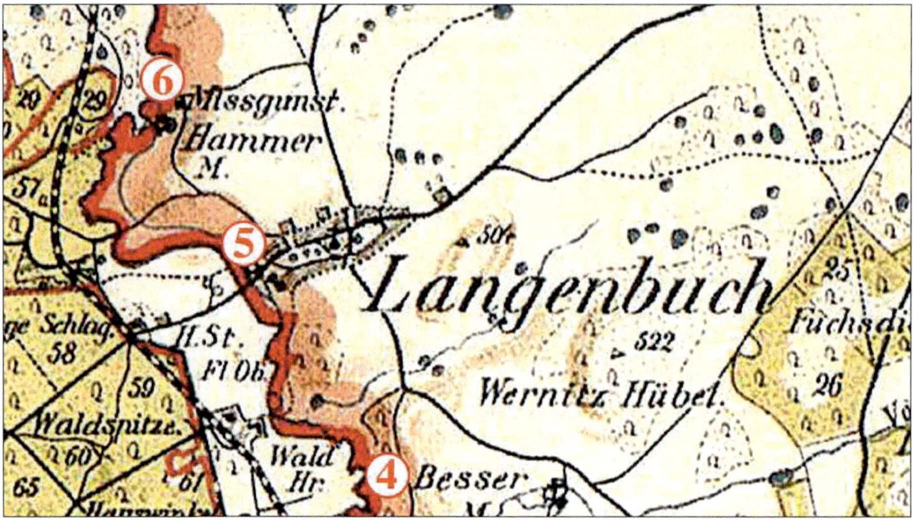

Kartenausschnitt Langenbuch, 5 Richtermühle, 6 Hammermühle und Mißgunst 1901. Karte vom Oberlande der Fürstentümer Reuss. Nach amtlichen Unterlagen bearbeitet von Eduard Brossmann

1380 bei einer Fehde der Markgrafen von Meißen, pressten seine Diener beim Müller 6 Schock Groschen und 1 Schock Kostgeld heraus und nahmen 3 Kühe aus Langenbuch und Mühltroff mit. Vor 1300 wurden aus 1 Pfund Feinsilber 240 Pfennige geprägt – nach altem deutschen Münzrecht. Zu Beginn des 14.Jahrhunderts wurde aus 1 Pfd. Feinsilber 600–700 Pfennige mit schlechtem Silbergehalt geprägt. Ende des 14. Jahrhunderts fand Franke dazu 1 Pfd. Feinsilber ergeben 1 Schock Groschen = 60 Stück. 1 Groschen zu 12 Pfennige = 24 Heller.

Über die Mühlenausstattung ist wenig von den Heimatforschern berichtet worden. Er schrieb viel über das Alltagsleben im Dorf.

Für das 15. Jahrhundert fand H. Franke folgende Vergleichswerte heraus:

- 1 Scheffel Metzgetreide mit 4 Groschen
- 1 Scheffel Hafer mit 1 Groschen
- 12 Eier kosteten 2 Pfennige
- 1 Käse kostete 3 Pfennige
- 1 Huhn kostete 4 Pfennige

Dabei war 1 alter Schock (Aßo) ein Wert von 20 Groschen. Scheffel war damals ein Flächen und ein Raummaß. 1 Scheffel Land brachte einen Ertrag von 1,5–2 dt/Scheffel. Der sächsische Scheffel hatte eine Fläche von 2760 m^2 oder 103 kg Scheffel Saatgut.

In der Steuerliste von 1531 wird die Mühle mit Nr. 25 als halber Hof geführt. Schon zu dieser Zeit galten die Dorfmüller als sehr wohlhabend. Michael Leyerer musste 1551 folgende Steuer 17 Groschen und 9 Pfennige bezahlen: für 5 Kühe, 6 Schafe, 2 Schweine und 55 Gulden geliehenes Geld. 1599 erfolgte die erste Erwähnung einer Mahlmühle.

1551 und 1591 werden als Jahre mit großer Dürre und Wassermangel bezeichnet. 1552 kostete der Scheffel Korn 3 Taler. 1591 lag er bei 4 Talern und 11 Groschen. Danach näherte er sich schrittweise dem Normalwert wieder an. 1613 wurde die Defensionssteuer eingeführt, anfangs nur für die Bezahlung und Erhaltung der Landmiliz. Später wurde sie übernommen für die Finanzierung des stehenden Heers. Die schlechten Erntejahre 1617 und 1622 brachten noch höhere Preise für den Scheffel (8 Taler).

Im 30-jährigen Krieg plünderten kaiserliche Truppen in und um Mühltroff. Die Not stieg an.

Durch die ständigen Plünderungen in den Städten und Dörfern, so auch 1634 die Croaten, gingen auch viele Unterlagen und Urkunden verloren. So berichtete der gelehrte Bauer von Rothenacker, dass er den größten Teil seiner umfangreichen Bibliothek, von 600 Büchern, verloren hatte.

Die Besitzer der Dorfmühle kauften von, in Not geratenen Bauern, deren Grundstücke und Häuser auf.

Nach diesem Krieg wurde die Schocksteuer (Grundsteuer auf Landbesitz) und die Kopf- und Gewebesteuer für alle Erwerbstätigen eingeführt, die 1752 angehoben wurde.

1664 regte der Kurfürst von Sachsen die Umwandlung der Fron für die Orte in eine finanzielle Leistung in Höhe von 20 Talern an.

1681 wird die MagazinHufenSteuer eingeführt. Sie diente der Finanzierung der Armee. Dazu wurde Magazine in Dresden, Leipzig, Wittenberg, Langensalza und Zwickau (u. a. für den Neustädter Kreis) angelegt.

1683 war die Einführung des Mahlgroschens.

1693 (August) wird vom Vogtland bis nach Thüringen von einer Wander-Heuschreckenplage berichtet, es folgten Hungersnot und Teuerung.

1 Viertel Korn kostete im August 1 Reichstaler, im Herbst stieg der Preis auf 27–36 Groschen. 1 Reichstaler (rT) = 32 Groschen je 12 Pfennige, also 384 Pfennige.

Von 1720 liegen folgende Lebensmittelpreise vor:

- 1 Kanne Butter 7 Groschen
- 1 Mandel Käse 3 Groschen (1 Mandel = 15 Stück)
- 1 Mandel Eier 3 Groschen
- 1 Metze Salz 4 Groschen
- 1 Pfd. Brot 1 Groschen 4 Pfennige
- 1 Pfd. Landfleisch 2 Groschen
- 1 Pfd. Schweinefleisch 2 Groschen 2 Pfennige
- 1 Pfd. Karpfen 2 Groschen 3 Pfennige
- 1 Hase 11 Groschen
- 1 Paar junge Hühner 4 Groschen
- 1 Gans 10 Groschen
- 1 Kanne Bier 6 Pfennige (Schleizer Bier)
- 1 Stein (20 Pfd.) Seife 2 rTaler (Reichstaler) 16 Groschen

Der Lohn eines Leinewebers bei 12–14 h Arbeitstag lag bei 5 Groschen. Ein Rechenspiel, bei dem man ablesen kann, was er sich leisten konnte.

1737 wurde ein Viertel Scheffel Korn = 3 Kannen Bier = 20 Groschen gehandelt. Die Kanne liegt bei 0,855 l.

Missernten folgten 1762 und 1771. Das Pfund Brot stieg auf 2 Taler an. In der Folge kamen Nürnberger Händler und kauften das Getreide zu Höchstpreisen auf.

Aus dieser Zeit ist eine Brauakte von H. Franke vermerkt. Für 1 Gebräu Bier benötigte man 6 Scheffel Gerste (Schleizer Maß), 1 ½ Scheffel böhmischer Hopfen, der einheimische erforderte die doppelte Menge und Wasser. Am Ende kamen für ein Gebräu 48 Eimer Bier zu je 72 Kannen mit 0,8588 l Inhalt heraus. Die Erträge bei Hopfen lagen damals bei 4 dt/ha, später wurden 10–15 dt/ha Trockenhopfen geerntet.

Durch die anhaltenden Hungersnöte führte man vor Ende des 18. Jahrhunderts den Kartoffelanbau in unserem Raum ein. Sein Ziel war die Verbesserung der Lebenssituation der Bevölkerung. Zwei gelehrte Städter, Johann Christian Schubart und Albrecht Daniel Thaer kauften sich Landgüter und experimentierten, um die Erträge zu steigern. So z. B.

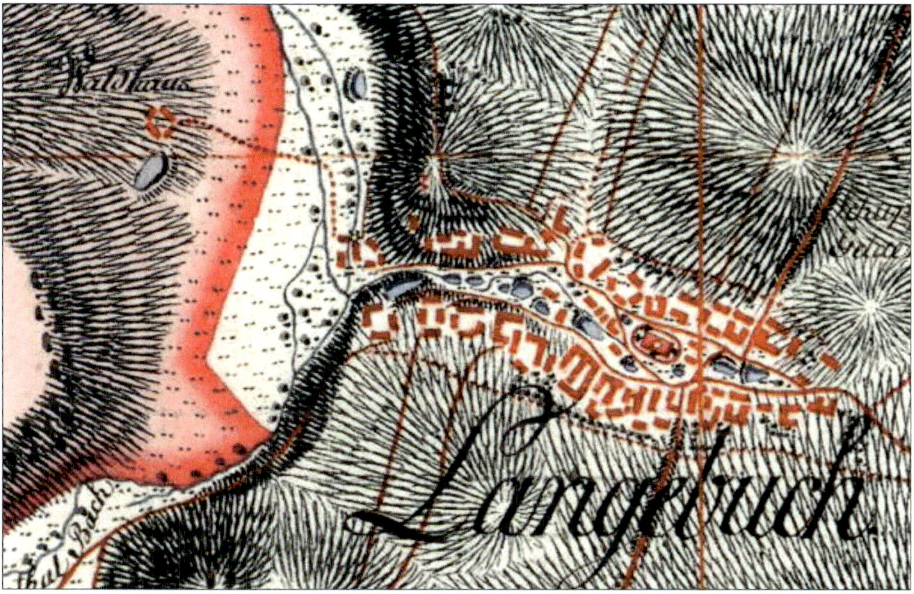

Langenbuch 1794. Auszug Meilenblätter von Sachsen (Königsexemplar), Blatt 94, Friedrich Ludwig Aster

Die Schneidemühle in den 50-er Jahren. Archiv Klimpke

wurde durch Schubart die 3 Felderwirtschaft verbessert, indem er auf der Brache Futterpflanzen für die Tiere anbaute. Thaer verbesserte dies und rechnete mit vier Feldern in der Folge und führte den Wechsel von Halmfrucht zu Blattfrucht ein. Durch seine Forschungen entstanden landwirtschaftliche Schulen. Die Erste in Sachsen war in Bautzen 1875, 1876 dann eine in Auerbach.

1773 ist Christoph Friederich Richter genannt. Heirat seiner Tochter Johanna Margaretha Richter am 24.10.1773 mit Benjamin Friedrich Groschupp von der Hammermühle Langenbuch. 1809 kaufte Richter die Mühle von Johann Besserer, so berichtet Heinrich Franke. Sicherlich war er 1773 als Pachtmüller auf der Mühle, da er als Müller der Dorfmühle bezeichnet wurde.

1800 betrug die Mastdauer für Schweine 2 bis 3 Jahre, um ein Endgewicht von 40 kg zu erreichen. Durch den Chemiker Justus von Liebig im 19. Jh. wurde die Düngung eingeführt. Die Wettiner setzten in Sachsen 1842 Gurano Dünger aus Südamerika ein. Die Erträge stiegen weiter an ebenso auch die Schlachtgewichte der Tiere.

Am 28.08.1811 unterzeichnet Christoph Friederich Richter als Mühlenbesitzer.

Heutige Ansicht des Wohnhauses (früher Mühlengebäude).
Foto: Jürgen Knoch

Sie betreiben im Nebenerwerb einen Diabas Bruch am Einlauf des Mühlgrabens nach der Mühle in die Wisenta. Die Lasten der Dorfmühle haben sich nicht geändert und gelten als gemessene Fronen. Sie hatte Handdienste zu leisten, insgesamt 99 Tage pro Jahr. Darunter waren 66 Tage zur Erntezeit, 11 Tage als Bau Fron, davon 3 Tage als Spannfron, 22 Tage als Jagd Fron.

Die Mahlmühle hatte ein oberschlächtiges Mühlrad, die nachgelagerte Schneidemühle besaß ein unterschlächtiges Mühlrad.

Zu Beginn des 20. Jahrhunderts wurde eine Dampfmaschine angeschafft, die später durch einen elektrischen Antrieb ersetzt wurde. In den 1930-er Jahren nahmen sie Sommerfrischler auf, die auch in der Landwirtschaft mithalfen. Die Mahlmühle lief noch bis 1948. Die Schneidemühle betrieb Fritz Richter noch bis 1968. Danach erfolgte der Abriss der Schneidemühle und das Mühlengebäude wurde zu Wohnzwecken umgebaut.

Mühlenbesitzer Dorfmühle/Richtermühle Langenbuch

Davor	Mull Jacoff, genannt als Dorfmüller keine weiteren Angaben gefunden
Vor 1531–1542	Cuntz Leyherer
1542–1551	Conradt Leyherer (Sohn)
1551–1593	Michael Leyherer (Sohn)
1593–1600	Simon Besserer
1601–1648	Wolf Besserer (Sohn)
1649–1688	Jakob Besserer (Sohn)
1688–1745	Paul und Peter Besserer (Brüder von 7)
1745–1763	Johann Besserer (Sohn von 7)
1763–1809	Christoph Friederich Richter, Pachtmüller von Johann Besserer
1809–1826	Johann Gottlieb Richter (Sohn)
1826–1868	Christian Gottlieb Richter (Sohn)
1868–1910	Johann Friedrich Christoph Richter (1838–1910) (Sohn)
1910–1943	Oskar Otto Richter (Sohn)
1943–1968	Fritz Richter (Sohn)
1968–1990	Louise Irmentraut Edith Richter verh. Salzmann (Tochter, nur Wohnzwecke)
Ab 1990	Barbara Salzmann verh. Machill (Tochter), Wohnzwecke

Literatur: 14, 19, 81

Langenbuch und die Richtermühle (grün) und Hammermühle (rot) am 21.6.1953, Sowjetischer Bildflug mit Nr. 195320, Bild Nr.: 10027 © GDI-Th.

Langenbuch, die Richtermühle und Hammermühle (roter Kreis) am 16.4.2019, Bildflug-Nr. 201911, Bild-Nr. 0997 © GDI-Th.

Hammerwerk und Hammermühle

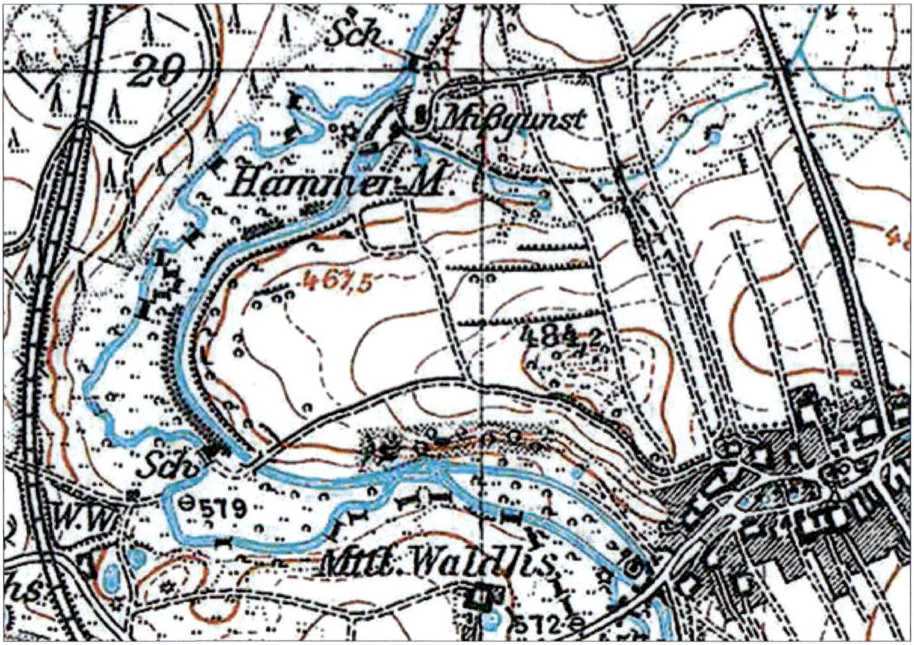

Hammermühle 1927. Landesaufnahme Sachsen 1907, Herausgegeben 1909, berichtigt 1927 (Auszug)

Hammerwerk und Hammermühle (im Vordergrund rechts das denkmalgeschützte Haus). Sammlung Freilichtmuseum Hohenfelden

Hammermühle am 21.6.1953, Sowjetischer Bildflug mit Nr. 195320, Bild Nr.: 10027 © GDI-Th.

Blick in den Hof. Sammlung Freilichtmuseum Hohenfelden

Der Hammer wurde 1600 an der Grenze der Herrschaft Mühltroff und Herrschaft Schleiz, die 1377 die Wisenta als Grenze festlegten, so die Überlieferungen, errichtet unter Heinrich von Schönberg. Verkauf des Hammerwerks mit Hammergut 1624 durch die Herrschaft Mühltroff. Der Käufer wird bei Heinrich Franke nicht genannt. Ob er 1684 noch in Betrieb war, ist nicht nachweisbar. Sicherlich hatte der Vorbesitzer mit den Folgen des 30-jährigen Krieges zu kämpfen. Nach dem Westfälischen Frieden ging das Plündern weiter, da die Heere heimwärts zogen und Nahrung benötigten für Mensch und Tier. Peter Werner, in Weida geboren, trat 1679, mit der Hochzeit mit Anna Rosina geb. Mehlhorn verw. Lorenz aus Weida, in das väterliche Eisenhüttenwerk an der Weida als Teilhaber ein. Sein Vater Christoph Werner betrieb es schon in der vierten Generation. Dieses soll bei der Hochwasserflut 1661 in Weida vollständig zerstört worden sein. Daraufhin zog die gesamte Familie nach Aue. Vater Christoph arbeitete als Hammermeister. Die älteren Kinder wurden in Aue geboren. 1686 wurde noch ein Kind in Aue geboren. Am 11. Juli 1684 kaufte der Peter Werner, Stabschmied aus Aue im Alter von 29 Jahren das Hammerwerk von Freiherr Franz Wilke von Bodenhausen, dem damaligen Besitzer des Rittergutes Mühltroff. 1685 baute er das Umgebindehaus als Wohnhaus des Hammers neu. Ob das Hammergebäude damals das alte war, ist nicht überliefert. Beim Umsetzen des Wohnhauses 2008 fand man keinen Vorgängerbau an dieser Stelle, aber in der Wand waren mehrere Schlacke-Teile verbaut. Peter Werner gab an, dass er ein Waffenhammerfeuer (Schmiedefeuer) und ein Zerrenfeuer (Vorläufer der Hochöfen) besaß. Vermutlich war in der herrschaftlichen Zeit ein Hochofen kurzzeitig in Betrieb. Der Bau des Wernerschen Wohnhauses musste vor Juli 1688 beendet worden sein (Einzug zwischen den Geburten), da im Juli 1688 das erste Kind der Werners in Langenbuch geboren wurde. Die Wohnsituation im Wohnhaus muss angespannt gewesen sein. Sein Hammermeister Georg Siegel und Familie lebten 1696 mit im Haus – insgesamt 10 Menschen. Ein Besuch im Freilichtmuseum Hohenfelden gibt Einblick in die Wohnsituation. 1722 stirbt Peter Werner, der Sohn Johann Paul Werner kauft den Hammer für 950 Taler von der Mutter und den Erben. Peters Brüder und Nachfahren sind alles angesehene Personen auf ihrem Gebiet geworden. Johann Paul tritt ebenfalls in diese Fußstapfen. 1748 baute Johann Paul eine Mahlmühle mit zwei Mahlgängen dazu, um mehrere Standbeine zu haben. Im gleichen Jahr übergab er den Hammer an seinen Sohn Johann Gottlob Friedrich Werner. Mit dem Mühlenbau hatte er sich übernommen, da die Geschäfte im Hammer nicht so liefen. Die Werners besaßen den Hammer 3 Generationen lang.

Zu dieser Zeit lag es im Abhängigkeitsverhältnis zum Rittergut Mühltroff. Der Hammer und später die Mühle waren von Frondiensten befreit. Deshalb erhielt die gesamte Anlage den Spitznamen „Missgunst“. Ein weiter Grund war das Mitbenutzen der Rittergutsloge in der Kirche zu Langenbuch der Hammerwerksbesitzer rechts vor der Kanzel und der Hammermüller links nach der Kanzel.

1748 – Peters Enkel verkauft an die Zeug, Waffen und Hammerschmiede Erhardt Groschupp mit seinem Vater Christian Friedrich Groschupp (Groschupf) aus Treuen den Hammer. Christian Friedrich war da gerade 50 Jahre alt. 1755 wurde eine Schneidemühle gebaut und in Betrieb genom men. Am 18.12.1749 kauft der Lößmüller Hans Melchior Lippoldt das Hammergut und die Mühle von den Groschupps ab. Schon am 10.02.1752 Weiterverkauf an David Starke. Dieser verkauft das Ganze weiter am 28.09.1787 an Christian Heinrich Wetzstein aus Taltitz für 900 Taler. Wetzstein verkauft am 09.11.1787 an Johann Gottlieb Kluge für 800 Taler weiter. Am 12.08.1793 kauft Johann Ernst Groschupp für 650 Gulden und 50 Gulden Gönnegeld zurück. Damit ist alles wieder im Besitz der Groschupps. 1770 ist in den Langenbucher Unterlagen der Tierbestand aufgeführt. Das Hammerwerk besaß eine Kuh, die Mühle ebenso, keine Schafe und Schweine aufgeführt. 1806 begannen viele schwere Jahre. Napoleon zog durch unser Land zur Schlacht bei Schleiz und später weiter nach Auerstedt. Die Soldaten auf preußischer sowie französischer Seite und ihr Tross mussten versorgt werden. Auf vielen Mühlen wurden die Söhne zwangsrekrutiert in die französische Armee, die meisten kamen nie wieder.

Am 28.08.1811 unterzeichnet Christian Gottfried Groschupp (Sohn von Erhardt) ein Dokument zur Widerherstellung der Wisentaquelle. (Siehe Ottenmühle) 1815 übernimmt Johann Ernst Groschupp. Er musste sich schon ab 1806 mit den Kriegswirren arrangieren. Hinzu kommt noch das plötzliche Entstehen von neuen Hammerwerken und Hochöfen im Schleizer Umland und an der Saale. Dadurch gab es einen starken Preisverfall für die Rohware und die Erzeugnisse. Sein Sohn wurde von Napoleons Truppen gemustert und fiel schon 1812 in Russland. Nach dem Wiener Kongress 1815 bestimmte Preußen. Langenbuch lag jetzt in Sachsen, das bedeutet für die Waren und Roherzeugnisse aus dem Schleizer Land fielen Zölle an. 1819 kam es zur Insolvenz.

Der 25- jährige Johann Christian Prager ersteigerte für seine junge Familie das Hammergut und die Mühle. Da er nicht vom Fach war, musste er Pächter anstellen.

Der Hammerbesitzer Johann Christian Prager, der ihn von 1819–1823 betrieb. Nach seinem Tod führte ihn sein Bruder Johann Friedrich Prager mit der Mutter bis 1829.

Im Hammerwerk wurden bis 1832 landwirtschaftliche Geräte aus Alteisen hergestellt. Beide Werke hatten den gleichen Mühlgraben und mussten sich das Triebwasser teilen. Drei Tage wurde gemahlen oder geschnitten und die nächsten drei Tage arbeitete die Schmiede. Zur gleichen Zeit ging der Eisenhammer ein und wurde 1833 abgerissen. 1829 kaufte Johann Friedrich Wetzel den Hammer von Georg Friedrich Prager ab. Wetzel heiratete die Witwe Julia Sophie Groschupp (Frau von Christian Gottfried Groschupp). Er ließ den eigentlichen Hammer 1833 abreisen. Von dem Geld, das er vom Verkauf der Steine erhielt, überbaute er das Wasserrad der Mühle. Im Kirchenbuch von Langenbuch ist nichts weiter hinterlegt worden. Die Urkundenlage ist sehr dünn.

1843 verkaufte Wetzel das Hammerhaus mit Zubehör an seinen Schwiegersohn Johann Georg Sachs. Damit tritt er die Nachfolge auf der Mühle an.

Nach seinem Tod führte die Ehefrau die Mühle weiter. Am 23.01.1885 stirbt Christian August Groschupp (74 Jahre). 1886 übernimmt die Fami lie Matthes die Immobilie. Den 15.06.1897 unterzeichnet sein Sohn Otto Matthes den Kaufvertrag zur Übernahme aus des Vaters Hand. Hierzu nahm er einen Kredit in der Höhe von 10500 rT von Herrmann Otto Tröger auf, der 1901 als erfüllt eingetragen ist. Vorher gab es schon Streitigkeiten mit dem Richters Müller, da sie zu hoch anstauen. Im Laufe der Jahre sankt das Wehr ab, es wurde neu aufgestockt, dabei erhöhte sich das Wehr um einige cm bis 17 cm. Es gab keinen Eichpfahl. Damit hatte die Richtersmühle große Schwierigkeiten, sie besaßen einen gemeinsamen Mühlgraben. Diese Streitigkeiten zogen sich bis 1933 hin. Die weiteren Besitzer sind unten aufgeführt. Das Umgebindehaus wurde schon in der 30er Jahren des letzten Jahrhunderts als denkmalgeschütztes Gebäude registriert. Am 11.11.1954 brannten durch Kurzschluss das Stall, Seitengebäude und die Scheune.

Mit dem Bau der Talsperre Lössau 1980–1985 kam der Standort beider Hammermühle und Hammerwerk in den Staubereich der Talsperre. Da das Wohnhaus unter Denkmalschutz stand, musste die Thüringer Fernwasserversorgung, sie betrieb die Talsperre, das Haus erhalten. Die Familie Thiel wollte das Haus selbst umsetzen, um darin zu wohnen. Dies wurde abgelehnt. Die Fernwasserversorgung wollte auf eigene Kosten ein neues Wohnhaus weiter oben errichten, dies wurde von der Familie abgelehnt. Die LPG als Besitzer der Immobilie wollte die Familie in Langenbuch unterbringen, dies scheiterte ebenfalls. Am 16.08.1984 erfolgte die Zwangsräumung von Mahlmühle, Sägewerk mit großem Wohnhaus und Scheune. Der Mühlgraben und der Teich verschwanden im Stausee. Berichtet wird, dass der Ortschaftsrat Langenbuch und die Bewohner eine

Hilfe bei der Zwangsräumung ablehnten. Familie Thiel erbaute nun auf eigene Kosten sich 1986/87 ein neues Haus oberhalb des alten Standortes. Nach der Wende übernahm Vattenfall die Talsperre. Das Gebäude (Denkmalgeschütztes Gebäude) störte im Bereich der Talsperre, da sie das weitere Anstauen verhinderte. 2008 wurde das denkmalgeschützte Haus der Hammermühle ins Thüringer Museum Hohenfelden umgesetzt.

Ansicht eines Hammerwerks aus dieser Zeit. Hier der Bremecker Hammer in Lüdenscheid. Foto: Frank Vincentz (Wikipedia-Eisenhammer)

Wohnhaus vor dem denkmalgeschützten Rückbau.
Sammlung Freilichtmuseum Hohenfelden

Blick über den Stausee zum alten Standort (unter Wasser).
Foto: Jürgen Knoch

Wohnhaus am neuen Standort in Hohenfelden.
Sammlung Freilichtmuseum Hohenfelden

Hammerbesitzer

1600–1684	die Herren von Mühltroff und deren Pächter
1684–1722	Peter Werner
1722–1748	Johann Paul Werner (Sohn), setzt im Alter Johann Christoph Hemmen als Pächter ein
1748	erbt Johann Gottlieb Werner (Sohn) Verkauf nach kurzer Zeit
1748–1783	Erhardt Groschupp mit seinem Vater Christian Friedrich Groschupp (†1884)

1783–1815	Johann Ernst Groschupp
1815–1819	Gottlob Erdmann Groschupp
1819	Insolvenz
1819–1823	Johann Christian Prager/Hammerbesitzer, Hammerpächter Johann Christian Pfau
1823–1828	Johann Friedrich Prager, Hammerpächter Johann Christian Löwel
1828–1829	Johann Friedrich Prager Hammerpächter Georg Wilhelm Krummholz und Zacharias Krummholz
1829	Georg Friedrich Prager (Sohn), letzter Hammerbesitzer und Verkäufer
1829	kauft Johann Friedrich Wetzel und reißt ihn 1833 nieder
1829–1843	Johann Friedrich Wetzel, Immobilie
1843–1880	Johann Gottfried Sachs, Immobilie
1880	Christiane Friederike Sachs (Witwe), Immobilie

Mühlenbesitzer

1748	Johann Paul Werner Errichtung der Mühle
1748	Erhardt und Vater Christian Friedrich Groschupp (Kauf)
1749–1752	Melchior Lippold (Leßmüller/obere Lößmühle)
1752–1787	David Starke (Kauf)
1787–1787	Christian Heinrich Wetzstein
1787–1793	Johann Gottlieb Kluge
1793–1809	Johann Ernst Groschupp, Pachtmüller bis 1799 ab da ist Sohn Pachtmüller
1809–1815	Christian Gottfried Groschupp (Sohn) 1815–1819 Gottlob Erdmann Groschupp (Sohn), sein Bruder ist 1812 in Rußland gefallen
1819	Insolvenz
1819–1823	Johann Christian Prager 1823–1829 Erbengemeinschaft
1829–1840	Johann Friedrich Wetzel
1843–1885	Johann August Groschupp (Stiefsohn)
1885–1886	Erben von Groschupp, da Frau schon früher verstarb
1886–1897	Franz Eduard Matthes, Kauf
1897–1912	Franz Otto Matthes, (Sohn) Tod
1912–1930	Beständerin Ida Wihelmine Matthes (Witwe)
1931–1960	Arno Otto Matthes (Sohn)

Letzte Besitzerin vor Abriss Elfriede Matthes verh. Thiel (Tochter)

Literatur: 20, 21, 22, 75, 81

Die obere Lößmühle auch nur Löss Mühle

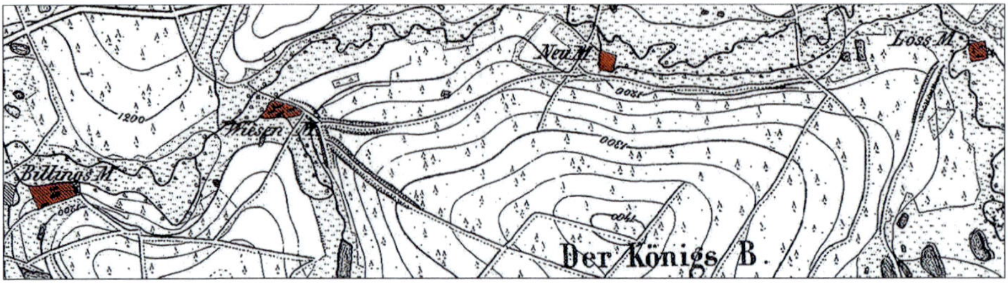

Standorte der Oberen und Neuen Lößmühle, der Wiesen- und Billings Mühle im Jahr 1873. (Auszug) Karte Mielesdorf 3185, aufgenommen vom Kgl. General-Stabe im Jahr 1855; Herausgegeben vom Kgl. Ministerium für Handel im Jahr 1873

Obere Lößmühle 1878. (Auszug) Kupferstich Section Pausa (Nr. 132.) Lithographie und Druck von Giesecke und Devrient, Leipzig. Bearbeitet im topographischen Bureau des Königlichen Generalstabes. Direction Oberst Vollborn. Gezeichnet vom Ingenieur=Geographen A. Kiesling

Obere Lößmühle-Mühle 1927. Landesaufnahme Sachsen 1907, Herausgegeben 1909, berichtigt 1927 (Auszug)

Bild obere Lößmühle. Sammlung Familie Liebold Lössau

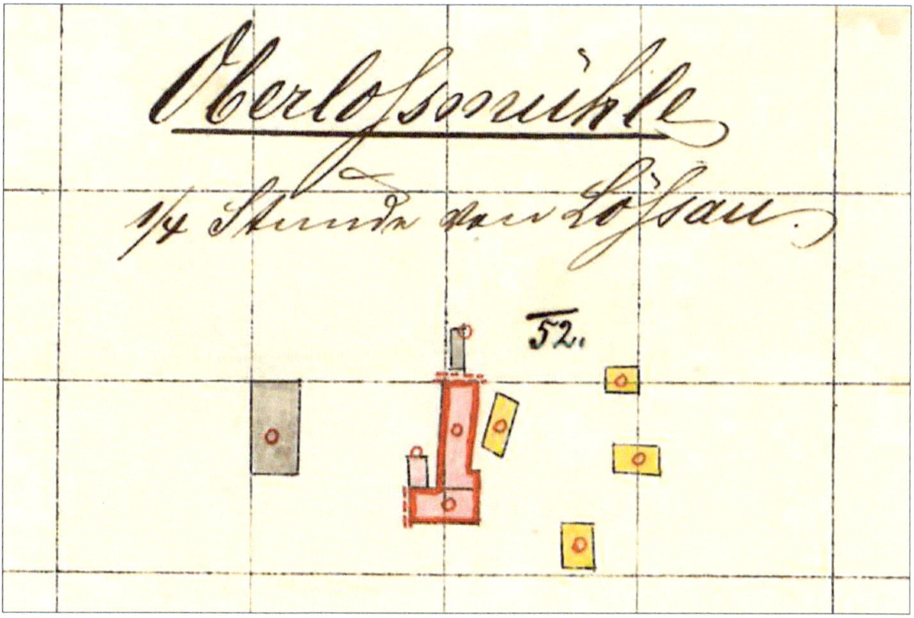

Obere Lößmühle – Versicherungsplan von 1865 und ergänzt 1877.
Rote Kreise = Unversicherte Gebäude; Gebäude grau = halbharte Dachung;
Gebäude gelb = weiche Dachung und rot = harte Dachung.
Sammlung Harald Rockstuhl

1590 und 1592 wird ein Hans Köhler als Müller im Gemeindezinsregister erwähnt.

1605–1610 etwa kauft Burckhart Lippold (geb. um 1570/71), nach der Auszahlung des Erbes nach dem Tod seines Vaters Lorenz Lippold, sowie nach einem Vergleich mit seinem Bruder Merten und seiner Mutter. (Das Taufbuch von Mühltroff beginnt erst 1577.)

1630 ist im Erbvergleich (Tod des Bruders Merten) Lippold Mühltroff ein Burckart Lippold als Leßmüller benannt.

1635 heiratet Burkhard die Witwe Katharina Rönig.

1643 übernimmt er nach langem Gerichtsstreit seiner Frau mit den Rönig Erben die Kühnsmühle, in der Folge: Einleitung des Verkaufs der Lössmühle an Christoph Besser.

1653 ist Christoph Besser der Lössmüller.

1661 arbeitet Hans Jakob als Müller bei Besser.

1702 wird in einem Lehnsbrief der Lößmüller Hans Besserer genannt (Zusatz in der Lössauer Chronik: von ihm stammt höchstwahrscheinlich das Tragekreuz).

1779 soll es, lt. Chronik, das erste Mal gebrannt haben.

Am 28.08.1811 unterzeichnet der Müller Christian Friedrich Schöbel ein gemeinsames Dokument der Wisentamüller zur Rettung der Wisentaquelle.

Obere Lößmühle am 21.6.1953, Sowjetischer Bildflug mit Nr. 195320, Bild Nr.: 10027 © GDI-Th.

1850 ist die obere Lößmühle im Besitz von Heinrich Wilhelm Schöbel.

1888 übernahm sein Sohn Wilhelm August Schöbel die Mühle.

1907 beteiligt er sich am Erwerb der Spielwarenfabrik in einem Konsortium.

Sohn Gustav Schöbel erhielt den Spitznamen „Lössmüller" bis zum Tod.

1910 kaufte Arno Liebold die Mühle, leider fiel er 1916 im Ersten Weltkrieg. Seine Frau führte den Betrieb weiter. Sie heiratete Heinrich

Obere Lößmühle vor dem Abriss 1977. Der Standort ist heute im Stausee verschwunden. Sammlung Familie Liebold Lössau

Blick auf den Stausee 2019. Foto: Jürgen Knoch

Pfab. Dieser wird im Einwohnerverzeichnis des neu gegründeten Landkreises Schleiz 1926 als Mühlenbesitzer genannt. Er gilt als Lebemann und hat die Arbeit anderen überlassen. Er wollte nur große Geschäfte machen. War danach Pachtmüller in der Burkhardtsmühle, aus der er herausgeklagt wurde.

Ab 1929 arbeitete Karl Liebold als Müllergeselle selbstständig in der Mühle.

Die Mühle arbeitete mit einem oberschlächtigen Wasserrad.

1935 wurde an Stelle des alten Wasserades eine Francis-Turbine eingebaut.

1936 legte Karl Liebold die Meisterprüfung ab und übernahm den Betrieb.

Sie bauten das Sägegatter der Neumühle aus und setzten es um. Zum Antrieb musste ein Dieselmotor angeschafft werden, der während des Krieges mit dem Gas einer Schwelkoksanlage betrieben wurde. Bis zum Abriss wurde Auftrags Mahlen durchgeführt. Das Sägegatter lief durch bis kurz vor dem Niederreißen der gesamten Mühle.

1977 musste die Mühle langsam Platz für den neuen Staudamm der Talsperre Lössau machen.

Mühlenbesitzer

1590	Hans Köhler
–	Hans Franz gest. am 29.03.1661 (Franzmüller)
Vor 1630	Burkhart Lippolt (Leßmüller)
1653	Christoph Besserer (Lössmüller)
1702	Hans Besserer
1811	Christian Friedrich Schöbel
1850–1888	Heinrich Wilhelm Schöbel
1888–1910	Wilhelm August Schöbel
1910–1916	Arno Liebold
1916–1922	Beständerin Witwe Jenny Liebold
1922–1928	Heinrich Pfab (heiratete Witwe)
1928–1936	Beständerin auf Druck der Kinder, Karl arbeitet schon selbstständig
1936–1977	Karl Liebold
1977	Bau der Talsperre Lössau

Literatur: 2, 14, 23, 24, 25, 26, 27, 28

Untere Lößmühle, spätere Neumühle

Die Lössauer Chronik gibt die Trillersmühle als Vorläufer der unteren Lössmühle an.

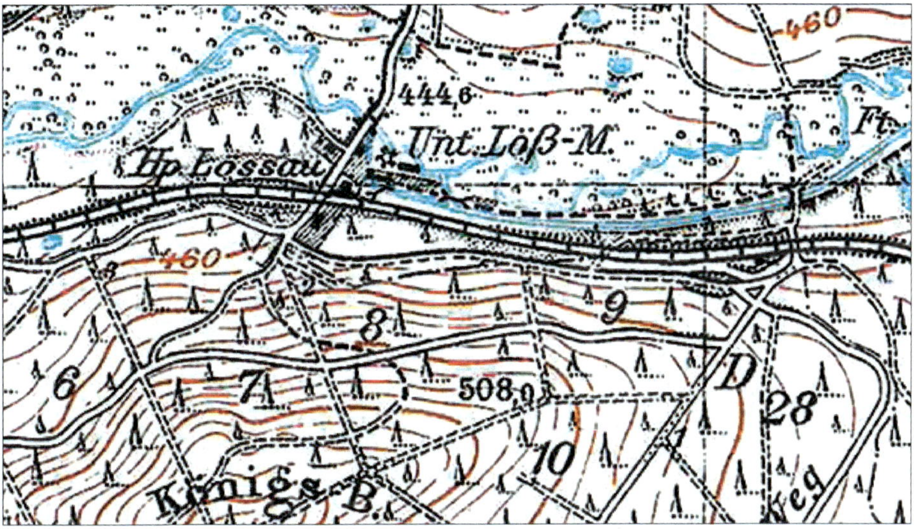

Untere Lößmühle-Mühle 1927. Landesaufnahme Sachsen 1907, Herausgegeben 1909, berichtigt 1927 (Auszug)

Nikol Rönigk war 1592 steuerpflichtig in Lössau und wird auch als Einwohner und Mühlenbesitzer bezeichnet. Aber alle Untersuchungen von Robert Hänsel und andere Heimatforscher legen örtlich die Trillersmühle als Vorläufer der Burkhardtsmühle Wüstendittersdorf aus.

Ganz links ist die Burkhartdtsmühle (Billingsmühle bezeichnet), dann folgt die Schmidten Mühle (Wiesen), Neumühle und obere Lößmühle auf der Karte von 1873. Diese Karte zeigt eindeutig Hänsels Ansicht auf.

1604 wird ein Jobst Rönig auf der Neumühle erwähnt.

1755 wird der Müller Görler bei einem Erbschaftslehn genannt.

1775 ist ein Hans Köhler Müller auf der Neumühle.

1829 befindet sich Friedrich August Riedel als Müller auf der Neumühle.

Die Lössauer Chronik meldet für den 1. September 1883 *„Der Mühlenbesitzer Wolfram in der Neumühle bei Lössau fiel am vorigen Mittwoch so unglücklich von der Scheune auf einen Leiterbaum des Wagens, welcher auf der Tenne stand, dass er am Freitag infolge der erlittenen Verletzungen verstarb“.*

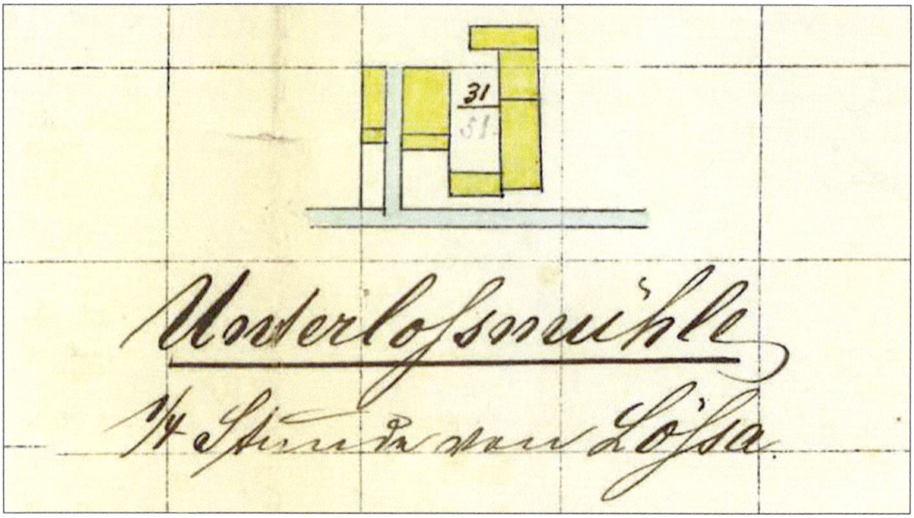

Untere Lößmühle – Versicherungsplan von 1865 und ergänzt 1877. „Gebäude gelb = weiche Dachung". Sammlung Harald Rockstuhl

Damit endet die historische Bedeutung der Neumühle als Mühlenbetrieb.

Am 28. Juli 1888 hat Maurermeister Rüdiger die Neumühle mit allem, was dazu gehörte erworben. Er ließ das Dach sichern und baute nahe dem Bahndamm und der Haltestelle der Bahn, im Garten, ein neues Gebäude.

Am 22. Dezember 1888 werden „4000 Thaler zu einem gewerblichen Unternehmen gegen hinlängliche Sicherheit zu erborgen gesucht, von Heinrich Rüdiger in Lössau". Er beabsichtigte die Neumühle in eine Spielwarenfabrik umzubauen.

Handelsregister I ist zufolge „Verfügung vom heutigen Tage die Fa. Ed. Oettel, Spielwarenfabrik mit Sitz in Lössau und als deren Inhaber Fabrikant Karl Wilhelm Edmund Oettel in Lössau heute eingetragen worden. Schleiz den 20. Juni 1896 Fürstliches Amtsgericht, Wehrde c. R. Nenner".

Das Schleizer Wochenblatt vom 26. November 1896 berichtet, dass die Holzpferdefabrikation wegen der sehr guten Auftragslage bis 10 bis 11 Uhr nachts gearbeitet werden muss, um die Aufträge abzuarbeiten. Nach B. Behr wurden sie mit Fell und Plüsch komplettiert und (gestrichen) in die ganze Welt geliefert.

Am 22. August 1899 wird gemeldet: „Theodor Otto Seifert in Nauenhof erkauft die gesamte Immobilie mit allem Zubehör mit den Grundstücken Nr. 129 und 219 dieses Grund- und Hypothekenbuches von Karl Wilhelm Edmund Oettel für 77.500 Mark laut notariell rekognoszierten Kaufvertrages vom 25. Juni und Juli 1899". Nach der Lössauer Chronik ist er der Erbauer des Hochhauses, das am 13. Dezember 1986 gesprengt wurde.

Am 17. Oktober 1903 wird der Kaufmann Christian Friedrich Matthes als Besitzer der Spielwarenfabrik genannt.

Am 07. Juni 1907 erwarb ein Konsortium aus Kaufmann Ottomar Paul Rinn aus Schönberg i.V., Mühlenbesitzer Wilhelm August Schöbel aus Lössau und der Privatmann Friedrich Hermann Thännert aus Leipzig die Spielwarenfabrik.

Sie wird 09/.10. Dezember 1911 in eine GmbH umgewandelt.

Nach dem Tod von Wilhelm August Schöbel übernahmen seine Söhne Arno und Gustav Schöbel gemeinschaftlich seinen Anteil und bewirtschafteten ihn weiter.

1926 sind beide im Einwohnerverzeichnis von Lössau aufgeführt.

Spielwarenfabrik ca. 1925. Sammlung Familien Wolfram-Teichmann

Untere Lößmühle am 21.6.1953, Sowjetischer Bildflug mit Nr. 195320, Bild Nr.: 10027 © GDI-Th.

Hochhaus unterhalb vom Bahnhof Lössau ca. 1964. Sammlung Familien Wolfram-Teichmann

Heutiger Standort. Foto: Jürgen Knoch

Mühlenbesitzer Untere Lößmühle spätere Neumühle

1590	Nickol Rönigk – Die Rönigks werden als Müllerfamilie aus dem Oberland bezeichnet
1604	Jobst Rönig (Neumühle)
1755	Herr Görler, Mühlenbesitzer
1775	Hans Köhler
1829	Friedrich August Riedel
1883	verstarb Johann Wolfram nach Arbeitsunfall
1888	Heinrich Rüdiger, Maurermeister kauft Immobilie
Dez. 1888	Umbau in eine Spielwarenfabrik Karl Wilhelm Edmund Oettel
1899	Theodor Otto Seifert
1903	Konsortium als GmbH, Ottmar Paul Rinn, Wilhelm August Schöbel, Friedrich Hermann Thännert. Nach Schöbels Tod übernahmen seine beiden Söhne seinen Anteil
1931	Totalschaden durch Brand

Literatur: 23, 24, 25

Schmitten-Mühle Lössau

Untere Lößmühle-Mühle 1927. Landesaufnahme Sachsen 1907, Herausgegeben 1909, berichtigt 1927 (Auszug)

Zwischen Wüstendittersdorf und Lössau liegt die Schmitten-Mühle. Hier stand im 16. und 17. Jahrhundert ein Eisen-Stabhammer. Diese kleinen Hammerwerke nannte man früher Schmitte oder Schmiede, von der auch der Name stammt und nicht vom Familiennamen Schmidt. Sie wurde als „Schmitte unter dem Kinsberg" aufgeführt. Der Name des Berges wurde in der Geschichte zur Burkharts Mühle behandelt. 1517 wird in der ersten Nachricht über diese „Mühle" ein Erhard Oelsner „in der Schmitten". Er kaufte von der Stadt Schleiz 3 Gelänge im roten Feld und die Wiese, die „Himmelskron" genannt wird, gelegen in der Flur von Wüstendittersdorf. Die Lössauer Chronik gibt für den 9. Februar 1521 an, das Erhard Elschner (Olzner) auf der Schmiede unterm Kinsberg, Stiefvater der Lucie Hunger, schuldet dieser und verspricht ihrem Vormund Hans Grünler, das er diese zu festgelegten Fristen nach ihrer Hochzeit bezahlen will, ihr auch noch eine Kuh und zwei Betten mitgeben werde. Die Familie Oelsner, nach der das Werk auch „Oelsnersschmiede" genannt wurde. Sie war bis in die Mitte des 16. Jahrhunderts in Besitz der Familie Oelsner. Der burggräfliche Küchenmeister Paul Korbner erwarb sie um diese Zeit, Hänsel gibt das Jahr 1564 an. Korbner holte sich die Erlaubnis zur Erbauung einer fronfreien Mühle ein. In diesem genannten Jahr lieh sich der in Geldnöten befindliche Landesherr von seinem Küchenmeister 1000 Gulden, für die die Stadt Schleiz bürgte. So wurde aus der Schmitte das „Schmittengut". 1590 ist im Erbzinsregister ein Jakob Oelhoff, der Hammerschmied und Besitzer, dass dieser hoch besteuert wird. 1594 wird erwähnt, dass der Feudalherr von Kirschkau, Hans Moritz von Kaufung, dieses Werk kaufte. Auf ihm waren 46 Groschen Erbzins, für die dazugehörigen 6 Grundstücke waren außerdem 38 Groschen, für die 3 kleinen Teiche 1 Groschen, 2 Pfg. Erbzins zu entrichten. 1597 bat Hans Moritz von Kaufung um Erlass der aufgelaufenen Erbzinsen. Er besaß das Gut nur kurze Zeit, ebenso sein Nachfolger Joachim von Machwitz (1698) auf Altenbeuthen. 1599 zog die Familie Hopf im Gut ein. Die Lössauer Chronik gibt 1604 einen Erhard Weidehaas „auf der Schmitten" unter bewilligten Landsteuer der Ritterschaft, lehnspflichtig für Herrn von Kauffung auf Kirschkau, an. Hänsel gibt dafür 1606 an. Als Nachfolger von Weidehaas wird, nach R. Hänsel, die Familie Presser von Kirschkau.

Diese bleibt auf dem Gut bis 1729 „mit vielen Schulden behaftet". Zu dieser Zeit erwarb der Berggeschworene Johann Christoph Müller von Schleiz das Mühlengut. Das Mühlengut war jetzt steuer und betefrei und hatte das Recht die Trift mit 15 Stück Rindvieh im Schleizer Wald bis zum Mühldroffer Weg zu benutzen. Außerdem stand ihm das Recht wie jedem adligen Rittergute zu, das „kein Landknecht bloßer Dinge wegen das Gut betreten, noch jemand eines geringen Verbrechens halber daraus holen solle", ein Recht, für das der Müller ab und zu kämpfen musste, da das Schleizer Amt und die Landgerichte dies nicht akzeptierten.

Leider ist über die Tätigkeit des Hammers und der Schmiede ebenso über die Einstellung des Betriebes nichts überliefert worden. Letzteres muss schon Ende des 17. Jahrhunderts geschehen sein, denn in der Belehnung ist nur noch von der Schmittenmühle die Rede. Sie bestand zu dieser Zeit aus 3 Mahlgängen, einer Schneide-, Walk- und Oelmühle. Zur Mühle gehörten ca. 13 ha Feld, 50 Fuder Wiesenmahd, ca. 35 ha Holz und 6 Teiche.

1760 zieht mit Christian Erdmann Meißgeyer eine alte oberländische Familie in die Mühle ein. Es war die Zeit des 7-jährigen Krieges, überall wie bei allen Kriegen dieser Zeit, setzte danach eine „Sittenverwilderung und Rechtlosigkeit" ein. Das musste der Müller am eigenen Leib erfahren, am 17. Juni 1765 fielen 15 „Spitzbuben" in die Mühle ein und plünderten sie aus (Schleizer Chronik). „Dabei wurden die Mühle und die Müllersleute erbärmlich traktiert". Am 2. September 1768 wurden vier

Einbrecher und Mordbrenner, die in verschiedenen Mühlen, darunter in der Schmitten- und Burkhardsmühle, gestohlen und Feuer gelegt hatten, mit dem Galgen gerichtet.

1811 unterzeichnet Christian Erdmann Meißgeyer (siehe Ottenmühle) einen Antrag zur Instandsetzung des Quellgebiets der Wisenta.

1846 stirbt der letzte Schmittenmüller Meisegeyer. Die Schreibweise variiert zwischen y und i sowie ß oder s.

Es treten 2 Schreibweisen auf, Hänsel verwendete Schmittenmühle, die Lössauer Chronik Schmidtenmühle (heutige Schreibweise).

In der Lössauer Chronik wird berichtet, dass das Amtliche Schleizer Wochenblatt Nr. 29. Sonnabend den 1. Juli 1848 – *„Mühlenverkauf. Die*

Schmidtenmühle. Archiv Jürgen K. Klimpke

unweit von Schleiz an der Wiesenthal gelegene sogenannte Schmidtenmühle mit 2 Mahlwerken, 1 Schneidemühle, 1 Oel-, Walk- und Graupenmühle, sowohl mit den dabei besessenen Feldern, Wiesen, Hutungen, Hölzern, Teichen – einer durch die günstige Mahllage und ihre ausgedehnte und gut arrondierte Oeconomie sich sehr empfehlende Besitzung, welche ca. 40–50 Stück Rindvieh auswintern kann, soll am 18. Juli d. J. vormittags 9 Uhr in dem Mühlenhause im Wege der Licitation (Versteigerung) verkauft werden.

Es wird dies hiermit für alle Kaufliebhaber unter dem an dieselben gerichteten Ersuchen bekannt gemacht, sich zur gegebenen Zeit in der Schmidtenmühle persönlich einzufinden, die Kaufbedingungen zu vernehmen, über die Größe und Beschaffenheit des todten und lebendigen Inventars Auskunft zu hören, ihre Gebote zu eröffnen und dann nach Befinden des Kaufabschlusses sich zu gewärtigen. Sollte vor dem anberaumten Termine nähere Auskunft über fraglichen Mühlenverkauf und die Kaufgelder-Zahlungstermine gewünscht werden, so ist Herr Gastwirt Meyer in Schleiz und Herrn Gerichtsdirektor Stimmel in Mühltroff jederzeit zu deren Erteilung bereit".

Schmidten-Mühle am 26. Juni 1848 Wilhelmine Louise verw. Koch.

Diese brachte lt. Wochenblatt Nr. 34 vom 5. August 1848 kein Ergebnis so das am 8. August nochmals angeboten wird. Die Woche darauf wird in Nr. 35 eine Auktion für Donnerstag den 24.08. angesetzt. Es wurden Wirtschaftsgeräte, Werkzeug, Betten, Eisenzeug, Kupfer und Zinn sowie weitere Inventarien. Als neuer Besitzer wird Christian Friedrich Korn angegeben. In der Folge kommen Christian Gottlieb Schädlich (Bauer und Amtsschulze aus Kleinwolschendorf). Er stirbt am 6. Juli 1870 darauf folgt sein Sohn Heinrich Gottlieb Schädlich. Es sind keine Jahre angegeben. Die nächste Erwähnung ist am 2. Dezember 1877, der Sterbetag für den Mühlenbesitzer Johann Dörfer – Frederike Dörfer und Kinder.

Am 7. März 1878 inserierte Frederike Dörfer: *„1 Spitzmühle zur Vermahlung von Getreide, 1 Lohmühle zur Vermahlung von Gerberlohe, 1 Holzschneidewerk, ein Areal von 24,62 ha Feld und Wiese".*

Der Nachfolger wird Christoph Heuschkel, der am 23. August 1888 starb.

Über dessen Witwe ist nichts aufgezeichnet. Der nächste Eintrag ist der 26. Dezember 1893 mit dem Bemerk Hermann Heuschkel. Die gesamte Mühle mit Wohnhaus und Scheune brannte vollständig

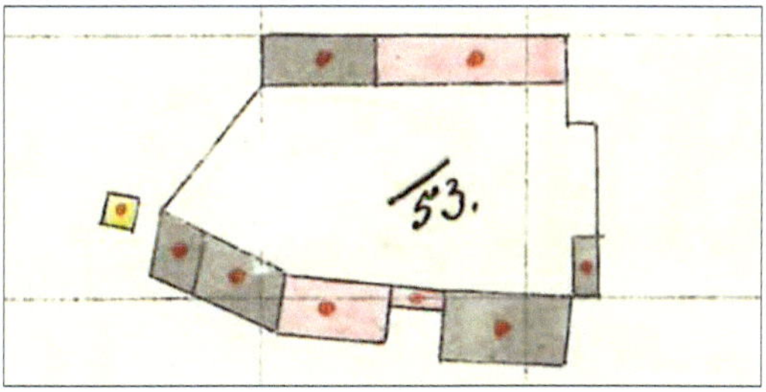

Schmidt Mühle – Versicherungsplan von 1865 und ergänzt 1877.
Rote Kreise= bei Privatgesellschaften versicherte Gebäude; Gebäude grau = halbharte Dachung; Gebäude gelb = weiche Dachung und rot = harte Dachung.
Sammlung Harald Rockstuhl

ab. Sie bestand noch aus 2 Mahlgängen, Schrot-, Loh- und Schneidemühle. Die Brandstelle wurde am 16. April 1894 gekauft. *„Die Ruine der Schmidtenmühle bei Lössau ist mit zu der Mühle gehörigen Wasserkraft, sowie einem größeren Areal Wiesen, Teichen usw. vom Kaufmann Heinrich Sörgel in Hamburg angekauft worden. Derselbe beabsichtigt dort ein gewerbliches Etablissement zu errichten".*

Am 24. Juni 1895 wird berichtet, dass die Firma Heinrich Sörgel im Handelsregister eingetragen ist. Er hatte den Betrieb mit Schwerpunkt Sägewerk wiederaufgebaut. Sörgel lieferte Holz nach Hamburg. Weiterhin ließ er u. a. Gabelstiele und Mangelhölzer anfertigen sowie das Mahlen der Fichtenlohrinde.

Schmidtenmühle. Archiv Jürgen K. Klimpke

1896 wurde erstmals der „Heuschkels Bauernhof" an der Schmidtenmühle erwähnt.

1904 übernahm die Fa. Dietsch (Inhaber Alois Heise) den Betrieb mit dem Ziel, das Sägewerk weiter zu betreiben sowie mit einer Baracken und Holzhausbau zu erweitern.

Am 20.12.1920 übernimmt die Fa. Heilfurth und Böhme das Werk. Anfangs unter Alois Heinz Böhme ab 1921 unter Oskar Richard Böhme aus Plauen wurde der Standort zum Dampfsäge- und Hobelwerk entwickelt. Sie passten sich den neuen Bedürfnissen an. Im neuen Programm sind jetzt u. a. Möbelfüße, Pressspan- und Wabenplatten. Später übernahm Kurt Böhme den Betrieb.

Schmitten-Mühle Lössau und Heuschkels Bauernhof am 21.6.1953, Sowjetischer Bildflug mit Nr. 195320, Bild Nr.: 10027 © GDI-Th.

Heuschkels Bauernhof. Foto: Jürgen Knoch

Diese Holzhäuser wurden von der Firma auf dem Gelände der Schmidtenmühle in Serie hergestellt, das Musterhaus verfällt nach dem Auszug der letzten Bewohnerin.

1972 wurde der Betrieb verstaatlicht. Er firmierte als VEB Wohnraummöbel Schleiz und gehörte zum Möbelkombinat Zeulenroda.

Anfang des Jahres 1991 wurde der Betrieb geschlossen und der Treuhand übergeben, jetzt Bundesvermögensvermögensverwaltung.

Musterholzhaus

Verwaltungsgebäude. Fotos: Jürgen Knoch

1997 erwarb die Familie Angelika Möx die Immobilie und gestaltete das Anwesen im hinteren Teil als Reiterhof.

Mühlenbesitzer Schmitten-Mühle Lössau

1517	Erhard Oelsner, „Schmitte unter dem Kinsberg" (Eisenstab-Hammer)
1521	Erhard Elschner (Olzner) (Schreibweise - wie gehört so geschrieben)
1517–1564	Erhard Elschner ?
1564–1590	Paul Korbner
1590–1594	Jakob Oelhoff
1594–1599	Hans Moritz von Kaufung auf Kirschkau
1599–1604	Familie Hopf
1604–1606	Erhard Weidehaas
1606–1727	Familie Presser
1729–1760	Johann Christoph Müller, Berggeschworener aus Schleiz
1760–1846	Familie Meißgeyer, mit Christian Erdmann Meißgeyer
1846–1848	Erbin als Beständerin, Wilhelmine Louise verwitwete Koch
1848 –	Christian Friedrich Korn
– 1870	Christian Gottlieb Schädlich
1870 –	Heinrich Gottlieb Schädlich
– 1877	Johann Dörfer
1877–1878	Beständerin Frederike Dörfer
1878–1888	Christoph Heuschkel
1888–1893	Hermann Heuschkel
1894–1904	Heinrich Sörgel (kaufte Brandruine)
1904–1920	Fa. Dietsch
1920–1921	Fa. Heilfurth und Böhme
1921–1947	Oskar Richard Böhme
1947–1972	Kurt Böhme
1972–1991	VEB Wohnraummöbel Schleiz
1991–1997	Treuhandanstalt Berlin
1997	Familie Angelika Möx

Literatur: 23

Burkhardtsmühle-Wüstendittersdorf

Burkhardtsmühle-Wüstendittersdorf 1927. Landesaufnahme Sachsen 1907, Herausgegeben 1909, berichtigt 1927 (Auszug)

1501 gab es die erste Erwähnung einer Mühle in Wüstendittersdorf im herrschaftlichen Teilungs-Register. Hier wird sie als „Trillers muhl“ aufgeführt, neben vielen anderen Mühlen der Gegend. Der Name wird nach Brückner 1870 als Familiennamen angenommen. Dieser Triller soll Einwohner hier gewesen sein, er hatte in einem Loche Wohnung bezogen. Nach ihm soll der Ort damals benannt worden sein. Die Legende gibt noch eine weitere Deutung des Namens wieder. Sie berichtet von einem Mann, der hier in einem Loch wegen seiner Schulden „getrillt“ also bestraft wurde. Hänsel gab (1964) seine Erklärung über den Namen der Mühle ab. Der letzte Müller soll demnach eine Familie Triller gewesen sein, die üblicherweise als Namensgeber für die Wassermühle auftrat. 1544 wird ein Merten Trillmüller genannt. Mit dem Tod des Merten Triller im Loch 1557 starb diese Familie aus. 1558 ging diese Wassermühle für 500 alte Schock Groschen in den Besitz einer oberländischen Müllerfamilie Rönig (Rönigk) über. Hier treten die ersten Doppelungen mit der unteren Lößmühle auf. Dieser Nickel Rönig taucht im Einwohnerverzeichnis von Lössau 1592 als Müller auf, die Mühle wurde nicht benannt, aber der zweite Müller ist eindeutig der der oberen Lößmühle. Brückner gibt dazu auch keine eindeutigen Beweise an. Hänsel und spätere geben sie als Vorläufer der Burkhardtsmühle an. Der erste Müller dieser Familie war Nicol Rönigk (Rönig). Nach Hänsel verschwand auch der Name Trillersmühle aus den Akten und wurde von nun „Kienmühle" später dann „Kühnmühle". In den Steuerlisten der „Landbethe" fand er für 1592 folgende Steuer: Der Müller musst für „3 Pferde, sieben Kühe, drei Kälber und drei Schweine insgesamt 26 Groschen an barem Geld und dreieinviertel Scheffel Hafer in Naturalien" jährlich bezahlen. Für 1602 wurden 14 Rinder, 2 Pferde und zwei Schweine besteuert. Sein Sohn Berthel trat zur Hälfte mit ein (wie überall nach seiner Verheiratung) und übernahm 1607 komplett. Dieser Name soll nach dem Standort der Mühle benannt worden sein. Am Fuße des Königsberges, früher Kiensberg auch Kühnsberg geschrieben, gelegen. Hänsel gibt an das der Name durch eine sprachliche Verschluderung des alten sorbischen Namens „Kinsberg", hergeleitet wird, auf Deutsch bedeutet er nichts anderes als „Königsberg". Da zu dieser Zeit nur noch assimilierte Nachfahren der Sorben vorhanden waren, gab man eigene Bezeichnungen für die alten Flurnamen an, deren Bedeutung eine andere wurde. 1612 musste Berthel den Bau des neuen Teiches auf Oberböhmsdorfer Flur mitfinanzieren. Der Abfluss ging durch sein Gelände in seinen Mühlgraben. Berthel hatte mit den Folgen des 30-jährigen Krieges zu kämpfen. 1623 trat er entschieden gegen die Plünderungen ein und wurde 1623, nach Hänsel, erschossen. 1633 ist ein Müller Jörg Künsberg (Rönig, vermutlich ein Sohn von Berthel) in einem Aktenstück genannt. Dieser Jörg begann Suizid. Kinderlos ging die Mühle nach einem Erbvergleich an seinen Bruder Christoph Rönig von der Blumenaumühle an der Saale bei Pottiga, Jörgs Frau Katharina sollte eine Altersversorgung von 900 Gulden erhalten, falls sie nicht wieder heiratet. Weiterhin musste Christoph ihr eine Wohnung stellen und Kost gewähren, sie durfte sich drei Kühe halten sowie 6 Gulden jährlich als „Ehrpfennig" erhalten. Er musste ihr eine Scheune überlassen sowie einen kleinen Acker. Des Weiteren soll sie jährlich mit 2 Schock Eiern, einem Stein (20 Pfund) Karpfen und je einem Scheffel Korn und Weizen versorgt werden. Als sie sich mit dem Lössmüller verheiratete, folgten langjährige Gerichtsprozesse im 17. Jahrhundert. Christoph Rönig starb 1637, seine Söhne Hans und Nikol Rönig wurden gerichtlich aufgefordert, die Altersversorgung an Frau Lippold auszuzahlen. Sie mussten die

Blumenaumühle verkaufen. Trotz des Verkaufs ihrer Mühle konnten sie die Summe nicht aufbringen, schließlich einigten sich Katharina und Christoph's Söhne für die Zahlung von 1600 Aßo, die 900 Gulden wurden verrechnet, Frau Lippold beglich den Rest und es ging in das Eigentum des Burkhardt Lippold 1643 über. Das sehe ich als Beweis an, dass die Burkhardtsmühle am Standort der Trillersmühle steht. Nach dessen Vornamen heißt sie ab jetzt „Burkhardtsmühle". Alte Schreibweisen nennen sie auch Burghardsmühle. Sie ist drei Generationen im Familien-Besitz. 1666 ist sie, laut einer alten Schleizer Chronik vollständig abgebrannt. 1715 gibt der letzte Burkhardt die Hälfte der Mühle an seinen Schwiegersohn Andreas Berthel nebst einem Waldstück am Langenbucher Weg und einer Wiese in der Ruhleite ab. Nach seinem Tod übernahm seine Witwe seine Hälfte der Mühle. Ein Jahr später übernahm ihr Vater wieder alles. Er konnte die Mühle auch nicht lange halten und musste die Mühle an den Hammerschmied der Beiersmühle Martin Pilling, für 2000 Gulden verkaufen. Pilling errichtete in der Mühle einen Eisenhammer, wofür er jährlich 6 Gulden Konzessionsgeld zahlen musste. 1732 erhielt er die Genehmigung zur Herstellung von Braupfannen gegen einen jährlichen Zins von 4 Gulden. Woher er das Roheisen hatte, konnte Hänsel nicht mehr feststellen, nur das am Kühnberg Eisenstein eine Zeit lang abgebaut wurde. Von den Produkten sind Ofenröhren und Mühlenschaufelzapfen bekannt. Sie trug jetzt den Namen „Billingsmühle". Der Sohn des Martin Pilling verkaufte 1764 die Mühle an seinen

Historische Aufnahme in den 20-er Jahren des letzten Jahrhunderts.
Sammlung Familien Wolfram-Teichmann

Schwager Johann Nicolaus Wolfram (1741–1787). Pilling betrieb den Eisenhammer noch bis zu seinem Tod 1776, danach kam sie wieder zum Erliegen. Der Name Billingsmühle verschwand im Volksmund, obwohl sie im Grundbuch bis 1909 Bestand hatte. Ab 1909 wurde der alte Name Burkhardtsmühle wieder eingetragen.

Burkhardtsmühle Ende der 50-er Jahre des letzten Jahrhunderts. Archiv Jürgen K. Klimpke

Mit dem Bau der Eisenbahnstrecke Schleiz–Schönberg erhielt auch Wüstendittersdorf 1902 den eigenen Bahnanschluss (Stumpfgleis und Seitenladenrampe).

Die Schneidemühle erhielt 1905 eine Dampfmaschine, die bis 1935 ihren Dienst tat, ab da erhielt sie einen Dieselmotor. Von 1936–1946 wurde an den Pachtmüller Heinrich Pfab übergeben. Der damalige Besitzer kam aus dem 2. Weltkrieg nicht wieder. Der Pachtmüller hatte die Mühle verwahrlosen lassen, deshalb verklagte die Witwe den Pfab und klagte ihn aus der Mühle. Nach dem Zweiten Weltkrieg 1947–1948 wurde das Mühlengebäude abgerissen. 1949/50 wurde es neu errichtet und im Herbst 1950 in Betrieb genommen. Die Mühle wurde danach bis 1960 betrieben, danach nur Auftragsschroten. Von 1976–1990 wurde eine Brennholzproduktion parallel zum Mahlbetrieb aufgelegt.

Oberschlächtiges Wasserrad. Archiv Jürgen K. Klimpke

Das ausgebaute Mühlrad April 1977. Archiv Jürgen K. Klimpke

1988 kam eine staatliche Anfrage Tierfutter für das Mischfutterwerk Niederpöllnitz und die industrielle Tierproduktion im Bezirk Gera aufzubauen. Das wurde vorangetrieben, da dieser Auftrag zukunftweisend war. Diese Träume wurden mit der Wende 1989 abrupt beendet. Bis 2000 wurde noch Mischfutter für bestimmte Betriebe hergestellt. Unter der Familie von Eberhard Wolfram kam es zur Umstrukturierung des Betriebes, parallel zur Mischfutterproduktion wurde ab 1991 ein Sägewerk aufgebaut, da die Mischfutterproduktion rückläufig wurde. 1993 ging das modernisierte Sägewerk in Betrieb, in der Form, wie es heute Bestand hat.

Die Gleisanlagen wurde nach der Wende von der DB rückgebaut.

Die Holzanlieferungen liefen seitdem per LKW-Anfuhr.

Mühlgraben Einlauf. Foto: Jürgen Knoch

Wüstendittersdorf-Burkhardsmühle.

Heutige Ansicht. Beide Archiv Jürgen K. Klimpke

Burkhardtsmühle-Wüstendittersdorf am 21.6.1953, Sowjetischer Bildflug mit Nr. 195320, Bild Nr.: 10026 © GDI-Th.

Burkhardtsmühle-Wüstendittersdorf am 16.4.2019, Bildflug-Nr. 201911, Bild-Nr. 0997 © GDI-Th.

Mühlenbesitzer Burkhardtsmühle-Wüstendittersdorf

1501	erste Erwähnung Trillers- muhl kein Name genannt
Bis 1558	Merten Triller
1558–1602	Nicol Rönig (Rönigk) (Kiensmühle/Künsmühle)
1602–1623	Berthel Rönig
1623–1633	Jörg Rönig, (verstorben)
1633–1637	Christoph Rönig (Bruder von Jörg), Besitzer der Blumenaumühle
1637–1643	Hans und Nikol Rönig (Söhne), Besitzer der Blumenaumühle (1636–1639)
1643–1715	Burkhard Lippold (Burkhardsmühle), heiratete Witwe
1715–Tod	Andreas Berthel (Schwiegersohn)
Tod–1716	Tochter des Burkhard Lippold als Beständerin
1716–1720?	Burkhard Lippold wieder Vollbesitz (Verkauf an Pilling)
1720–1764	Martin Pilling und Sohn
1764–1776	Eisenhammer noch in Betrieb mit Tod des Sohnes- Ende
1764–1787	Johann Nicolaus Wolfram (Schwiegersohn bzw. Schwager)
1787–1883	Johann Carl Wolfram
1883–1910	Bernhard Julius Wolfram
1910–1919	Heinrich Otto Wolfram (verstorben an Wundstarrkrampf)
1919–1932	Witwe Else Wolfram Beständerin und Erbengemeinschaft mit Schwiegervater
1932–1944	Herbert Rudolf Wolfram (im 2.WK vermisst)
1936–1946	Pachtmüller Heinrich Pfab
1944–1960	Erbengemeinschaft Erika Wolfram und Kinder
1960–1990	Erbengemeinschaft Ingeborg (ab 1964 Teichmann) und Eberhard Wolfram
1990–2006	Eberhard Wolfram
2006–2020	Ralf Wolfram (früher Tod)
2020	Erbengemeinschaft Stefanie Wolfram und Kinder

Literatur 14, 31, 32, 33, 34, 35

Holzmühle Oettersdorf

Standort der Holzmühle. Karte Saale und Wiesenthal Land 1905

Die erstmalige Erwähnung stammt aus dem Jahr 1477. Dort wird sie als Lehnsmühle des Deutschen Hauses (Deutscher Orden) erwähnt. Als ehemalige Zwangsmühle war sie der Herrenmühle unterstellt. Später besaß die Mühle drei Mahlgänge sowie eine Oelmühle. 1604 wurde erstmals ein steuerpflichtiger Holzmüller Erhard Lecker genannt. 1811 tritt ein Friderich Gabriel Bäcker als Holzmüller auf. Ungefähr 1860–1898 trat Heinrich Gottlob Göller (1838–1898) als Besitzer der Holzmühle auf. Er stammte aus Chursdorf. Nach dem Verkauf seines Elternhauses vergrößerte er den Grundbesitz. 1861 begannen die Arbeiten am Umbau des Wohnhauses, bei dem das alte Fachwerk durch massives Mauerwerk ersetzt wurde.

Sein Schwiegersohn Gustav Fischer (06.10.1878 bis 11.10.1916) war der Verwalter auf dem Rittergut Oettersdorf, später auf dem Kammergut in Schleiz. Er verpachtete die Mühle bis 1920 an die Familie Oertel. Sie betrieben nur die Getreide- und die Oelmühle.

Altes Wohngebäude

Holzmühle in den 1950-er Jahren. Beide Archiv Jürgen K. Klimpke

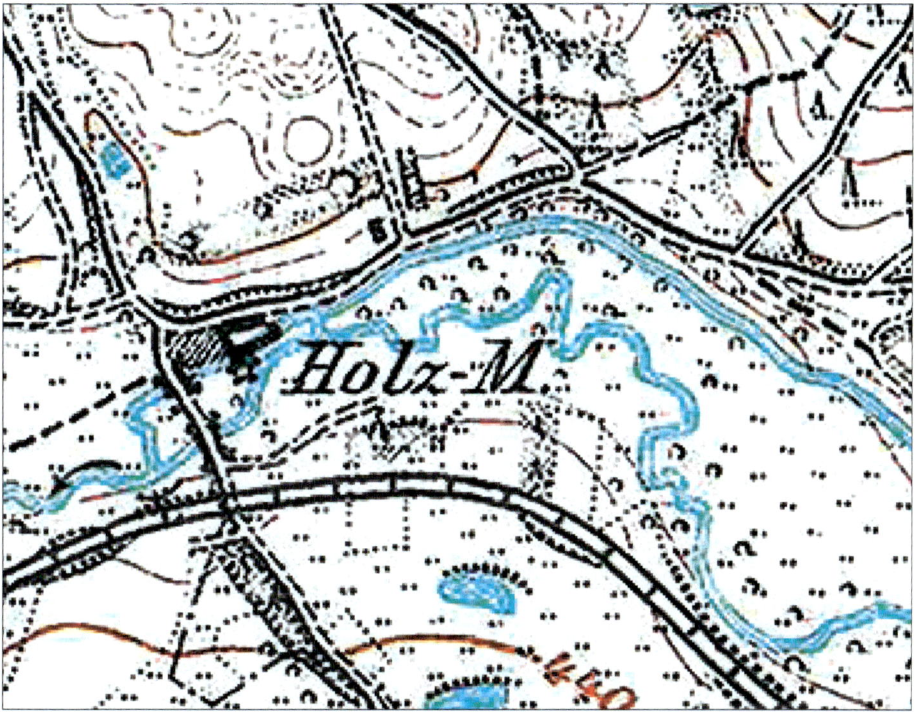

Holzmühle 1927. Karte Mühltroff Nr. 5437. Herausgegeben von der Preußischen Landesaufnahme 1907, Reichsamt für Landesaufnahme, Berichtigt 1909. Reichsamt für Landesaufnahme Sachsen berichtigt 1925; Thüringer Teil 1927

Der Schwiegersohn von G. Fischer, Paul Berger, endlich aus dem Ersten Weltkrieg zurückkehrt, vollendete den begonnenen Wohnhausumbau. Als Neuheit ließ er einen Generator zur Stromerzeugung an das vorhandene Wasserrad anschließen. Diese Eigenversorgung wurde bis 1953, also bis zum Anschluss an das öffentliche Netz, betrieben.

Von 1920–1960 bewirtschafteten Paul Berger und Lydia Berger, geb. Fischer, die Mühle und die Landwirtschaft. Wegen des schlechten Zustandes der Mühle wurde die Oelmühle rückgebaut. Der Schwerpunkt lag nun auf der Landwirtschaft. Ein moderner Stall mit darüber liegender Scheune wurde errichtet. Mit der LPG-Gründung in Oettersdorf wurde der Mahlbetrieb 1960 eingestellt. Mühle wurde 1998 abgerissen, um Platz für neues Wohnhaus zu schaffen. Es steht nur die Scheune. Heute dient das Gehöft zu Wohnzwecken und der Erholung.

Holzmühle am 21.6.1953, Sowjetischer Bildflug mit Nr. 195320, Bild Nr.: 10026 © GDI-Th.

Mühlenbesitzer

Herrenmühle der Vögte von Gera, Lehnsmühle des Deutschen Hauses Schleiz

1477	Familie Lecker
1604	Erhard Lecker
1811	Friderich Gabriel Bäcker
1860–1898	Heinrich Gottlob Göller
1898–1920	Gustav Fischer, verpachtet die Betreibung
1920–1953	Paul und Lydia Berger
1953–1960	Alfred Heydrich (Schwiegersohn)
1960–1978	Alfred Heydrich
1978–2005	Hilde Heydrich (†2016)
Ab 2005	Eberhard Heydrich, nur für Wohnzwecke der Kinder

Literatur 36, 37

Holzmühle am 16.4.2019, Bildflug-Nr. 201911, Bild-Nr. 1001© GDI-Th.

Die heutige Ansicht. Foto: Jürgen Knoch

Herrenmühle in Schleiz

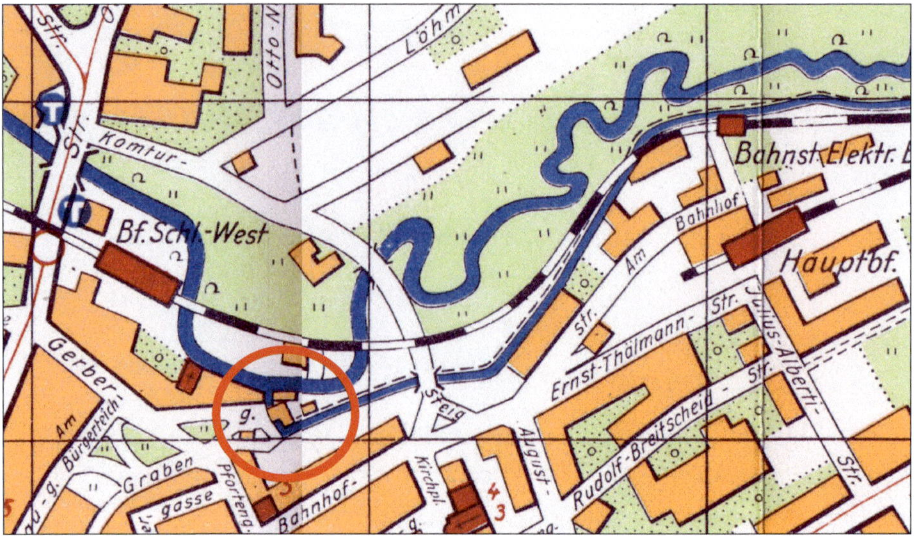

Standort der Herrenmühle mit Mühlgraben und Wehrteich. Stadtplan von Schleiz 1959. Archiv Jürgen K. Klimpke

1442 gaben Heinrich der Unglückliche (Ältere) und Heinrich der Berber (Jüngere) beiden Stadtteilen Altstadt und Neustadt die gleiche Verfassung, aber zwei Bürgermeister. Nach dem Brand von 1476 und dem Wiederaufbau erfolgte 1482 die Zusammenführung zu einem Bürgermeister mit Senat.

1477 wird eine Mühle vor dem Pfortentor erstmals genannt. Nach dem heutigen Forschungsstand handelt es sich um die Herrenmühle.

1501 wurde sie von der Schleizer Herrschaft als Herrenmühle angegeben.

Ab da mussten alle Schleizer Bäcker ihr Getreide dort zu Mehl mahlen lassen.

1503 wird ein Ziegenrücker, als Herrenmüller aufgezeichnet. Von 1509 bis 1547 ist diese Familie in Schleiz nachzuweisen.

1519 verkaufte der Herrenmüller Kaspar Ziegenrücker eine Scheune nebst Garten am Stelzenbach an Lorenz Genennig, in den Schleizer Akten taucht Kaspar Ziegenrücker bis 1538 öfters auf.

1560 ist die Herrenmühle völlig abgebrannt (Gewitter).

1596 gab der Herrenmüller die Metzeinnahme von 16 Scheffel Weizen, 36 Scheffel Korn, 54 Scheffel Malz, 14 Scheffel Staubmehl und 38 Scheffel Kleie an. Der Nutzen der Mühle wurde zu dieser Zeit mit 160 Gulden angeschlagen.

Frühere und heutige Ansicht des Mühlengebäudes.
Bilder oben Archiv Jürgen K. Klimpke und Foto unten Jürgen Knoch

In Verbindung mit der Herrenmühle wird eine *„unterhalb liegende Walkmühle"* die bereits 1567 erstmalig erwähnt wurde. Die Vorgänger der Walkmühle hieß Davidsmühle. David Gering, der mit den Lobdeburgern nach Schleiz kam, errichtete um 1425/26 eine Mahlmühle. Sein Sohn David Möller genannt Gering erbte sie. Am 14.07.1475 fiel sie beim großen Stadtbrand zum Opfer. Er verließ daraufhin Schleiz. Die Brandstelle kaufte Köberlein und baute eine Walkmühle für die Tuchmacher auf, die 1477 genannt wird. 1593 wurden hier 512 gut gefärbte Tücher und 131 geringe graue Tücher gewalkt. Das „graue Tuch das man zu Sleuwitz macht" wird bereits 1402 urkundlich genannt. Für das Walken des guten Tuchs bekam man 16 Pfennige, für das graue Tuch 1 Groschen. Der Herrenmüller bekam davon ein Viertel. Der Gewinn der Walkmühle wurde zu dieser Zeit mit 46 Gulden, 1 Groschen und 7 ½ Pfennige angegeben.

Die Walkmühle brannte 1856 völlig ab und wurde nicht wiederaufgebaut.

Nun kehren wir wieder zur Herrenmühle zurück.

1593 hatte der Herrenmüller Nickel Starke mit dem Pfadermüller (Kleppermüller) Christoph König einen Streit wegen des Rückstaues von der Pfadermühle, er konnte nicht mehr mahlen (großer Schaden am Mühlwerk). Starke bekam recht. Die Herrschaft entschied er muss seine Mühle am Klepperbach abreisen und an den Oelsbach verlegen.

Am 29.09.1616 wurde Hans Franz aus Pöllwitz zum neuen Herrenmüller „bestallt". Beim Bombenangriff auf das Schleizer Schloss 1945 wurde die Urkunde und das gesamte Archiv mit 40.000 Bänden und Akten vernichtet.

Für den 4. Februar 1678 wird eine Überprüfung des Mahlkastens der Herrenmühle durchgeführt und protokolliert und am 24. Februar 1685 dem Rat die Abweichungen übermittelt. Der Herrenmüller war zu dieser Zeit Hans Ölsner.

In einem Beschwerdebrief des Schleizer Stadtrates an den Herrenmüller Heinrich Christian Reinhard vom 16.09.1774 wegen „Missbrauch, Unordnung zu nicht geringem Schaden und Nachteil der Herrschaft". Der Vorpächter wird als Kumpane mit gleichem Niveau beschrieben, ohne Namensnennung.

Die Herrenmühle war von 1501 bis 1848 herrschaftliches Eigentum, danach bis 1902 Pachtmühle.

Links im Bild der Mühlgraben der Herrenmühle

Fußgängerbrücke am Komtursteig über den Mühlgraben der Herrenmühle. Beide Bilder Archiv Jürgen K. Klimpke

1848 erwarb die Herrenmühle der Kommerzienrat Eduard Timmich und verpachtete sie weiter. Beim großen Stadtbrand von 1856 wurde sie als einziges noch stehendes Haus am Stelzenbach, verschont. Die Mühle hatte zu dieser Zeit fünf Mahlgänge, eine Schneidemühle und einen Malzgang.

1870 gibt Timmich für die Herrenmühle an, dass sie privat ist, mit sieben Gängen und einer Schneidemühle. Weiterhin berichtet er, dass sie eine Dampfmaschine bekommt zur Verstärkung ihrer Leistungsfähigkeit.

Mühlgraben vor der Herrenmühle – heute (der Rest ist verrohrt).
Foto: Jürgen Knoch

Timmich ließ die alte Herrenmühle abreisen und neu errichten, so wie sie als Bauwerk heute noch zu sehen ist. Das Mühlrad wurde vergrößert auf 4,60 m im Durchmesser, damit konnte man 20 PS Leistung bei reichlich Wasserstand erreichen.

1902 verkaufte sie Timmich an Heinrich August Koch aus Görkwitz. Dieser betrieb die Mühle weiter bis Ende der 30-er Jahre des letzten Jahrhunderts. Ausgestattet als Lohnmüllerei eine Schneidemühle, dazu noch Getreide- und Futtermittelhandel. Erst mit der Anschaffung einer Dampfmaschine stabilisierte sich die Produktion. Während des 2. Weltkrieges war sie zwangsversiegelt, um Zwangsarbeiter zu versorgen. Danach übernahm sie sein Sohn Emil Koch und betrieb sie weiter, vermutlich bis Ende der 50-er Jahre. Die Schneidemühle und der Getreidehandel kamen vorher zum Erliegen. Mit der Wisentaregulierung endete die Getreidemühle. Er verkaufte die hintere Wiese an den Eisenhändler Joseph Müssig. Dieser erweiterte seine Fa. durch eine Baumaterialien-

Standort der Herrenmühle am 21.6.1953, Sowjetischer Bildflug Nr. 195320, Bild Nr.: 10026 © GDI-Th.

herstellung 1964. Er ließ Betonelemente produzieren für den Aufbau des Sozialismus in der DDR. Die staatliche Enteignung erfolgte 1972. Die weitere Bewirtschaftung kann man bei F. Heuschkel nachlesen.

Mühlenbesitzer Herrenmühle

1503	Ziegenrücker
1519	Kaspar Ziegenrücker
1593–1615	Nickel Starke
1616	Hans Franz aus Pöllwitz
1678–1685	Hans Ölsner (sicherlich war er vorher und nachher im Amt)
1774	Heinrich Christian Reinhard
1811	J. C. Schmidt (siehe Ottenmühle)
1848	Kauf der Herrenmühle durch Kommerzienrat Eduard Timmich (zur Verpachtung)
1902	Verkauf an Heinrich August Koch aus Görkwitz
1902–1939	Heinrich August Koch
1939–1964	Emil Koch
1964	steigt Joseph Müssig KG als Betonwerk ein

Literatur: 2 Seite 575 ff, 39, 40, 41, 42, 84

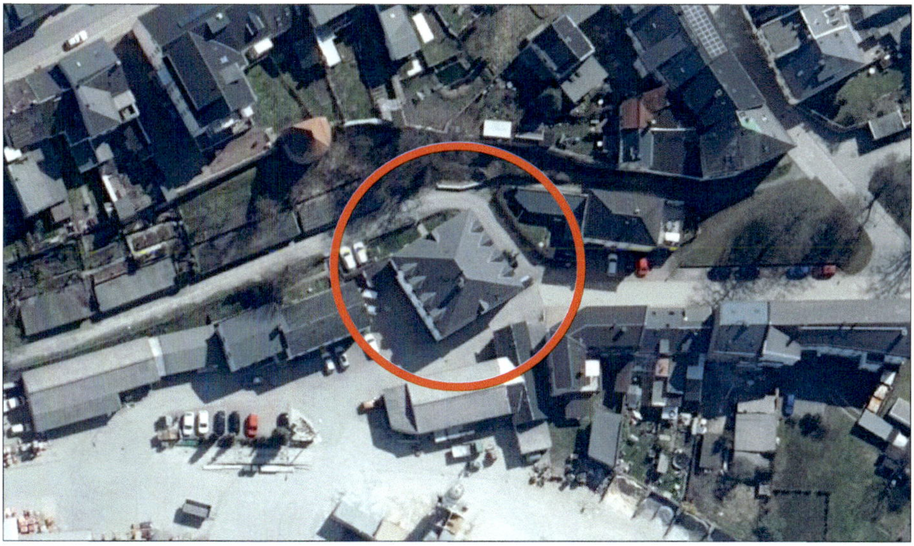

Ehemalige Herrenmühle am 16.4.2019, Bildflug-Nr. 201911, Bild 1001
© GDI-Th.

Helbigsmühle in Schleiz

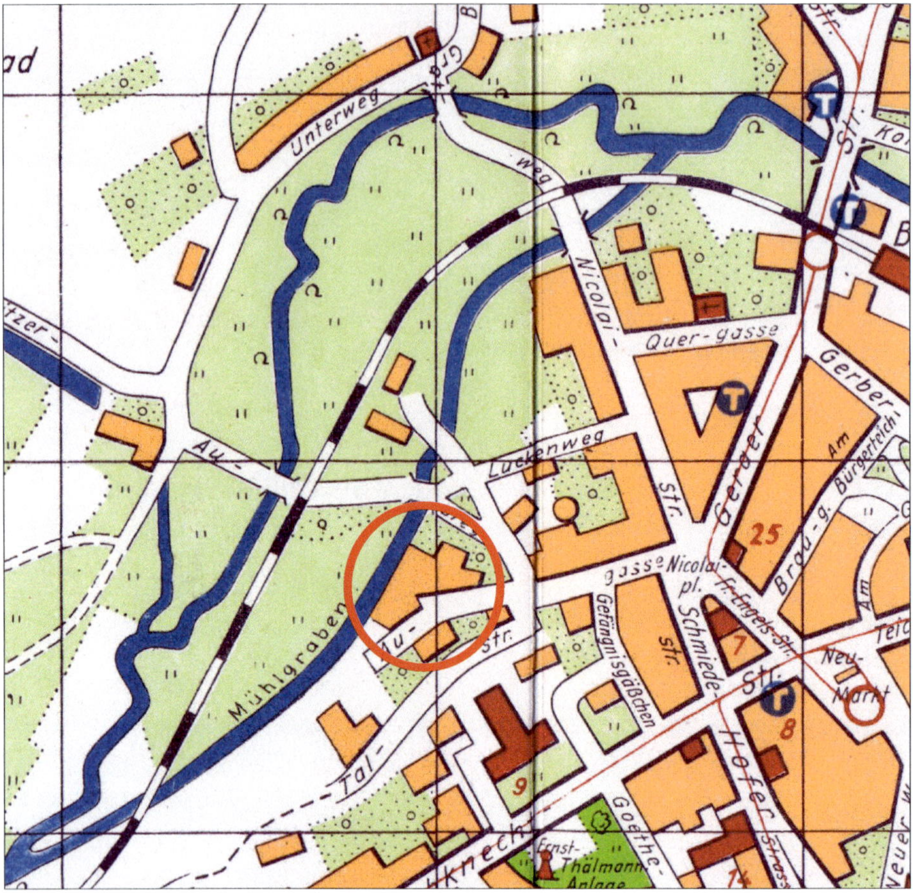

Standort der Mühle. Stadtplan von Schleiz 1959. Archiv Jürgen K. Klimpke

Die erste Erwähnung der Mühle ist einer alten Urkunde vom 21. Januar 1318 in der die Vögte von Gera dem Deutschen Haus die Hälfte einer Mühle unter den Silbergruben, nachdem die Witwe des Hermann Senger, Bürger von Schleiz, Johanna Senger für sein Seelenheil diesen Besitz dem Ordenssitz geschenkt hatte. 1908 sagte bereits Berthold Schmidt, dass im 14. Jahrhundert der Lohmen bis an die Schleizer Stadtwiese Bergbaugebiet waren. Robert Hänsels Meinung war, es handelt sich um die Glücksmühle (siehe da) dieser Auffassung schließe ich mich an, da eine alte Flurbezeichnung dies erhärtet.

Ihre erste Nennung als Helbigsmühle ist demzufolge 1477, als der Kurfürst von Sachsen, der Gemahlin des Vogtes von Gera ihren persönlichen Erbanteil bestätigte. In der Urkunde werden vier Müller in Schleiz genannt: Möser (Mühle unbekannt), Köberlein (Herrenmühle), Leckermüller (Holzmühle) und Helbig. Jörg Helbig ist somit der erste bekannte Müller dieser Mühle. 1501 wird in einem Teilungsregister die „Helbigs muhl" genannt. Bei der 1549 erfolgten Flurbegehung ist sie weiterhin aufgeschrieben. Der Standort lag gegenüber der Bleichwiese zwischen dem Austeg und Schwenders Teich.

Metallwarenfabrik Gebr. Holzschuher im Hintergrund, Steinhaus ist die Mühle im Vordergrund. Archiv Jürgen K. Klimpke

Brand der alten Helbigsmühle 1914. Archiv Jürgen K. Klimpke

Nach dem Brand nicht wiederaufgebaut. Da die Metallwarenfabrik ein neues Fabrikgebäude bereits baute.

Im Vordergund die neu erbaute Fabrik Gebrüder Holzschuher. Archiv Jürgen K. Klimpke

1563 soll es ein „Mühlgäßchen“ gegeben haben, das von der alten Schmiedestraße zur Mühle verlief. Die Mühle trug noch einen zweiten Namen Helmsmühle. 1736 ist ein Helms-Müller Niclaß Örtel genannt, er baute die 30 Jahre brachliegende Pfeffermühle neu auf. 1766 wird von Lenzner berichtet Feuer in der Helmsmühle, die Welle war heiß gelaufen.

Der in einem Schreiben aus dem Jahre 1811 (siehe Ottenmühle) unterzeichnete Helbigsmüller war Johann Heinrich Nicklas. Nach dem Stadtbrand von 1856 überbaute man diese Gasse. Es wird von mehreren Bränden berichtet, so 1563, 1677, 1869 fast Totalschaden. Bereits 1870 existierte sie wieder mit 3 Mahlgängen, einer Schneidemühle und einer Lohmühle. Durch die Industrialisierung im 19. Jahrhundert ging sie in die Metallwarenfabrik Holzschuher auf. Das Fabrikgebäude der Fa. Holzschuher gegenüber der Mühle brannte 1908 nieder. Das alte Mühlengebäude wurde 1914 Opfer von Flammen. Danach wurde die Fabrik neu errichtet und 1913 eingeweiht. Bis zum Brand waren die Inhaber zu Wohlstand gekommen und konnten schon 1890 eine Villa errichten lassen. Diese wurde von den Bränden verschont. Der 1. Weltkrieg brachte einen Absatzeinbruch. Da die Wisentamühle nicht mehr existent war, endet hier die Geschichte der Helbigsmühle. Weiter nachzulesen bei Heuschkel, wie es weiter ging mit der Metallwarenfabrik.

Fabrik im Jahr 1996

Heutige Ansicht. Foto: Jürgen Knoch

Mühlenbesitzer Helbigsmühle

1477	Jörg Helbig
1736	Nicklaß Örtel
1766	Nicklaß Örtel (Brand in der Mühle)
1811	Johann Heinrich Nicklas
vor 1825–1835	Johann Gottlob Schubert (Spinnmeister), Textilbetrieb
1869	Brand
1870	wieder in Betrieb, keine Namen der Müller gefunden
Ende 1880-er Jahre	Metallwarenfabrik Gebrüder Holzschuher
1914	brannte das alte Mühlengebäude nieder

Literatur: 38, 46, 83

Ehemalige Helbigsmühle am 16.4.2019, Bildflug-Nr. 201911, Bild 1001. © GDI-Th.

Pfeffermühle, später Neumühle am Oelsbach

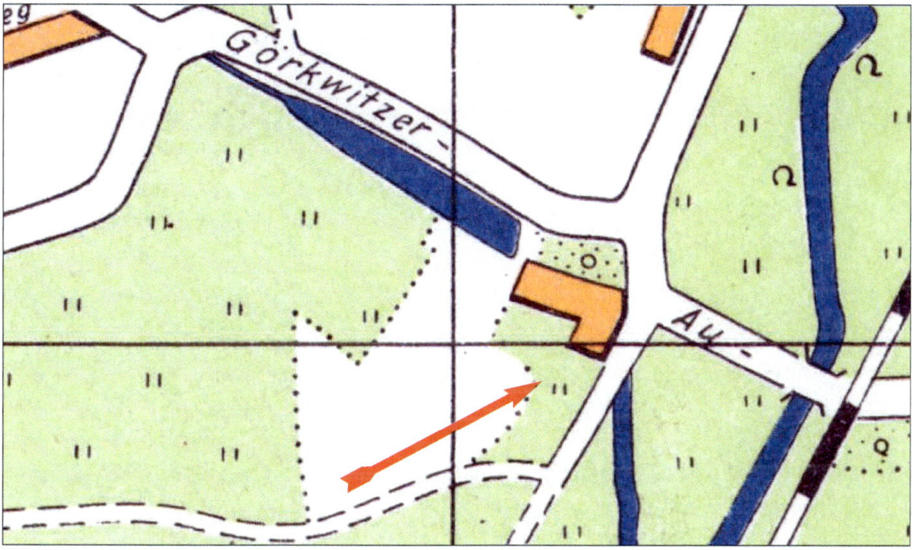

Standort der Pfeffermühle. Stadtplan von Schleiz 1959.
Archiv Jürgen K. Klimpke

1327 Als „Phefermuhl" am Höflesbach später Oelsbach ist die erste Erwähnung dieser Mühle.

Anfangs brachten nur arme Leute ihr weniges Mahlgut in seine Mühle.

Nach mehreren Bränden wird die Mühle immer wieder aufgebaut.

1489 wird ein Meister Peter (Pfeffermüller), der beim Ausbau des Chorgewölbes der Bergkirche Gerüstarbeiten ausführt.

1501 geht das Lehn vom Deutschen Haus an die Herrschaft Schleiz über.

1517 quittierte Nickel Mogk einem Hans Läßker den Kaufpreis für die Pfeffermühle übergeben hat.

1549 wird Läßker mit seinem Spitznamen Kappenhans bei einer Flurbegehung genannt. Zum Mahlen kamen nur kleine und arme Leute, die nur geringe Mengen zum Veredeln hatten.

Im 30-jährigen Krieg wurde die Pfeffermühle stark beschädigt und stillgelegt.

Für 1660 ist ein Feuer in der Mühle ausgebrochen. Über genaue Schäden wurde nichts überliefert. Vermutlich lag sie bis 1686 brach.

Denn erst 1686 wurde sie wieder in Betrieb genommen. Sie arbeitete bis 1706. Keine Müller gefunden, obwohl Hänsel angibt, das die Müller fast lückenlos bekannt waren. (Archiv 1945 verbrannt)

Von 1706 bis 1736 war völliger Stillstand.

1736 wird die 30 Jahre brachliegende Pfeffermühle (Pulvermühle) durch den Helm's Müller Nicklas Oertel wiederaufgebaut. Helmsmühle ein anderer Name für die Helbigsmühle.

Ab 1760 Nutzung als Pfeffermühle (Gewürzmühle) aufgeführt. Sie brannte in diesem Jahr wieder ab.

Besitzer war Heinrich Gottlob Oertel. Er baute die Mühle viel größer wieder auf und nannte sie „Neumühle".

Später als Walk- und Walzquetschmühle umgebaut.

Zu Beginn des 19. Jahrhunderts wurde der Mahlbetrieb eingestellt.

1824 kauft ein Konsortium aus Neustadt an der Orla und wollte eine Wollkrempel- und Spinnmaschine in Betrieb nehmen.

1825 nahm ein Spinnmeister Johann Gottlob Schubert aus der Helbigsmühle, diesen Gedanken auf und realisierte das Vorhaben. Anfangs konnte er Erfolge verzeichnen, doch bald musste er alles einstellen. 1835 holte er alle Maschinenteile aus der Helbigsmühle und setzte sie

Historische Aufnahme der Pfeffermühle. Archiv Jürgen K. Klimpke

um. Er hatte das Monopol erworben, um Konkurrenz zu verhindern. Er beschäftigte zeitweise bis 48 Menschen. 1841 musste er die Produktion einstellen. Damit er wieder Geld verdient, wurde alles in eine Ausflugsgaststätte umgebaut und nannte sie „Schuberts Garten". Er führte Tanzveranstaltungen, Konzerte durch und richtete für die Schleizer Schützengesellschaft ihr „Sternschießen" aus. Das ging ebenfalls nicht auf. Jetzt machte er eine Badeanstalt aus der Mühle. 1853 musste er aufgeben.

1853 kauft „Frau Graf" aus Weberstadt diese Badeanstalt. Sie kam durch Vermittlung des fürstlichen Leibarztes Dr. Champorcin nach Schleiz.

Ab diesem Jahr wurde die Mühle als Heilbad mit Gästezimmern umgebaut, als „Bad zu Schleiz" Frau Graf mit Familie bauten einen Kurbetrieb auf.

Frau Graf ließ sich als Frau „Baronin" anreden. Sie konnte mit „ihrem Scharfblick" Krankheiten erkennen. Dieser Ruf hallte ihr voraus. Alle Patienten sind vom Kopf her krank. Sie verabreichte für alle Diagnosen

Historische Porzellanmalerei der Badeanstalt. Archiv Jürgen K. Klimpke

immer das gleiche „Gebräu" eine braune Flüssigkeit, die sie selbst herstellte. Frau Graf erschlich sich ihre Zulassung als ärztliche Praxis durch ihre Geburt als Apothekerstochter. Sie versetzte sich in ihrem Sessel in einen inneren Krampf und sprach wirr durcheinander mit den Geistern. Anfangs wurde ihre Gästezahl mit 268 (1853) angegeben, am Ende der 1850-er Jahre sank sie wieder. Ihre Vorgeschichte drang langsam durch. Sie wurde verurteilt und der Kurpfuscherei beschuldigt. Die Gäste bezahlten gut. Sie kamen aus Frankreich, Polen, Schweden Dänemark, Holland u. a. Länder. Darunter waren viele der höheren Stände. Nach dem Hauslehrer eines polnischen Grafen, Friedrich Pollak, nahm sie 60 bis 80 Thaler am Tage ein. Nach Entlassung des Buchhalters musste Pollak einspringen und ordnete das Chaos im Buch. Die Schleizer Ärzte und Apotheker erwirkten im Prozess gegen die „Wundertäterin" der Bezichtigung als Kurpfuscherin. 1860 hatte sie noch 12 Gäste und verschwand aus der Stadt.

Die Pfeffermühle wurde wieder zum Industriebetrieb umgerüstet.

Um 1910 wurde das Gebäude um ein Geschoß erweitert und als Metallwarenfabrik Eduard Walther genutzt.

Nach der Enteignung wurde das Gebäude ab 1947 als Wohn- und Geschäftshaus genutzt. Die Metallwarenfabrik ging gemeinsam mit der Firma Piegler in der VEB BLEWA Schleiz auf.

Jetzige Nutzung als barrierefreie Pension am Stadtrand von Schleiz durch die Familien Schulze und Jürgens.

Pension Pfeffermühle heute. Foto: Jürgen Knoch

Pfeffermühle am 21.6.1953, Sowjetischer Bildflug mit Nr. 195320, Bild Nr.: 10024 © GDI-Th.

Pfeffermühle am 16.4.2019, Bildflug-Nr. 201911, Bild-Nr. 10016. © GDI-Th.

Mühlenbesitzer – anfangs Lehnpflichtig dem Deutschen Haus zu Schleiz

Erster und Namensgeber soll eine Familie Pfeffer sein

1327	Gunderam von Oschitz (Gutsbesitzer)
1489	Meister Peter in der Pfeffermühle
1501	wird sie herrschaftliches Lehn
1501–1517	Nickel Mogk aus Frankendorf
1517–1533	Hanß Läsker (genannt Kappenhans), vielleicht noch länger

Wechselnde Besitzer auch über die vielen Brände hinweg

1706–1736	brachliegend
1736–1760	Nicklas Oertel
1760–	bis zum Brand Heinrich Gottlob Oertel als Pfeffermühle
1761–1824	(Neuaufbau) durch Oertel, ab jetzt Neumühle
1824	Konsortium aus Neustadt an der Orla, Industriebetrieb
1825–1841	Spinnmeister Johann Gottlob Schubert Industriebetrieb
1841–1846(?)	Johann Gottlob Schubert „Schuberts Garten" Ausflugsgaststätte
1846–1853	Badeanstalt des Johann Gottlob Schubert
1853–1860	Kuranstalt der Frau Graf
1860–1881	Wurde wieder als Industriebetrieb umgestaltet
1881–1948	Metallwarenfabrik Eduard Walther

In den Seitengebäuden entstand die Vulkanisierwerkstatt Huster

1948–1989	in der VEB Blewa Schleiz aufgegangen
2016	als Pension „Pfeffermühle" wiedereröffnet, Familien Schulze und Jürgens

Literatur: 43, 44, 45, 46

Quetsch-Mühle am Oelsbach

Standort der Quetsche 1873. Archiv Jürgen K. Klimpke

1516 Gebäude als Schmelzhütte entstanden.

1593 erhielt der Kleppermüller Christoph König den Auftrag, seine Mühle abzureisen und am Oelsbach wieder zu errichten. Es fanden sich keine Hinweise, das er hier beteiligt war.

1622 als Schleifmühle für die Beil- und Waffenschmiede erwähnt und befand sich vor der Pfeffermühle, die Kosten übernahm die Herrschaft Schleiz, die Verwaltung wurde dem Herrenmüller übertragen. Dafür bekam er auch 1/3 der Einnahmen. Den Schleifschlamm lieferten sie an die Schwarzfärber. Es mussten von den Schwarzfärbern noch Schlämme aus Saalburg, Gefell, Mühltroff, Lobenstein, Weida und Gera hinzugekauft werden. Man nutzte auch die Mühle zum Schleifen der, bei Wüstendittersdorf abgebauten, Wetzsteine. Nachdem die Schusswaffen in Gebrauch kamen wurde die Mühle 1647 in eine Pulvermühle umgebaut. 1650 wurde sie außer Gebrauch gestellt, wegen der Gefahr des Krieges. Es erfolgte ein Umbau zur Schleifmühle.

1684 pachtete der Pulvermacher Adolf Jakob Senger die Mühle und richtete wieder eine Pulvermühle ein. 1688 starb Senger bei einem Arbeitsunfall. Sie ging danach in Privatbesitz über und war dann längere Zeit mit der Pfeffermühle in einer Hand.

1834 kaufte Johann Heinrich Beyerlein das Gebäude und erhielt die Konzession zum Papiermachen. Vermutlich rentierte sich die Papiermühle nicht wirklich, denn nach kurzer Zeit errichtete er eine Graupen-, Mahl- und Schleifmühle. Er geriet wieder in Zahlungsschwierigkeiten, dadurch wurde die Mühle 1845 zwangsverkauft. Es wurde nur noch geschrotet und Hafer gequetscht. Daher der o. g. Name.

Alte Quetsche – davor der Mühlteich 1950-er Jahre.
Archiv Jürgen K. Klimpke

Vor dem endgültigen Verfall wurde sie 1947 vom Fischhändler Paul Zörner gerettet. Er machte das Gebäude wieder bewohnbar. Zugleich auch legte er einen Teil seiner Fischzuchtanlagen hier an.

Heute wird sie als Wohnhaus genutzt.

Literatur: 47

Heutige Ansicht des Gebäudes. Foto: Uwe Klimpke

Quetsche *am 21.6.1953, Sowjetischer Bildflug mit Nr. 195320, Bild Nr.: 10024 © GDI-Th.*

Ehemalige Quetschmühle am 16.4.2019, Bildflug-Nr. 201911, Bild-Nr. 10016 © GDI-Th.

Glücksmühle Schleiz

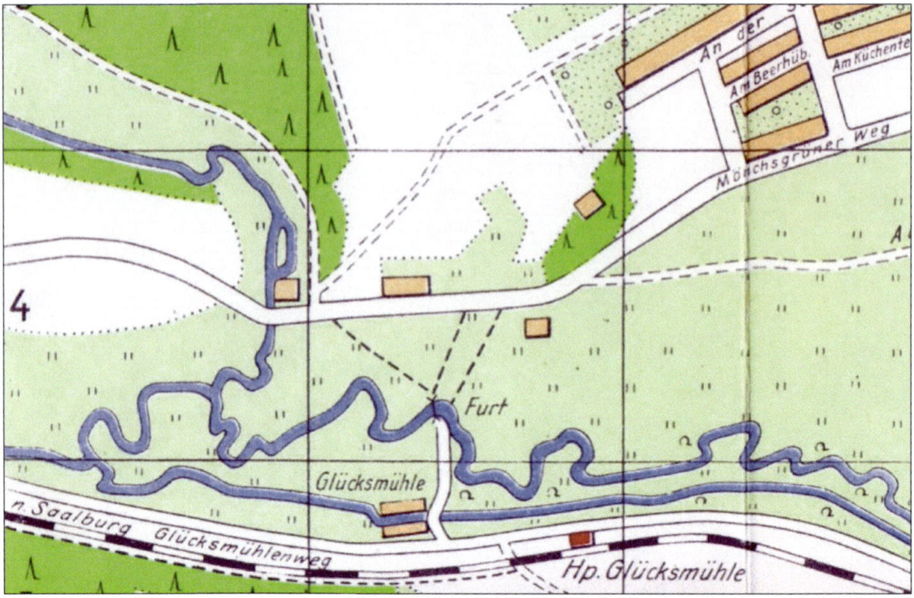

Kartenausschnitt mit Glücksmühle. Stadtplan von Schleiz 1959. Archiv Jürgen K. Klimpke

Die Vögte und Herren von Gera, Heinrich der Ältere und Heinrich der Jüngere, welche die Landesherren des Schleizer Landes waren, verliehen dem Deutschen Hause in Schleiz die Hälfte einer Mühle unter den Silbergruben bei Schleiz, eine Schenkung der Witwe Johanna Senger, Frau des verstorbenen Hermann Senger, für das Seelenheil des Mannes, an das Deutsche Haus zu Schleiz. Siehe Helbigs Mühle.

Am 2.2.1539 wurde die Mühle für 400 rheinische Gulden an Heinz Glück verkauft. Auf der Mühle lag ein Zins von 5 Scheffel Korn (9,62 hl) und ein Scheffel Weizen. Der Müller hat zusätzlich noch die übliche Mahl- und Zimmerfron zu leisten. Letztere bestand darin, dass er mit dem Beil Zimmerarbeit tun musste, „sooft und wohin er geheißen“. Nach dem Besitzer hat die Glücksmühle nun ihren Namen erhalten. Zu Lebzeiten des Heinz Glück wurde sie noch mit dem alten Namen „Gebhardismühle“ bis zum 18.11.1557 bezeichnet, wie ein Eintrag im Amtshandelsbuch Burgk bezeugt.

Am 09. 12.1568 berichtete der Schleizer Schösser Gregor Senger an den Landesherren, den Burggrafen zu Meißen, die Mühle war Amtslehen, dass er der Witwe des Glücksmüllers Thomas Hellfritzsch aufgegeben habe, einen anderen Lehnsmann zu verschaffen, also die Mühle zu verkaufen. Die Müllerfamilie Glück lebte zu dieser Zeit in Unterkoskau. 1569 verkauft die Witwe Hellfritzsch an Hans Türsch, den das Erbzinsregister der Herrschaft Schleiz als „Glücksmüller" nennt. Im Jahr 1593 wurde Hans Berger sein Nachfolger. Der Schleizer Bürger und Ratswirt Georg Giegling erbte die Mühle und tauschte sie 1625 an Hans Roßner gegen dessen Güter in Unter Opplingen. Den Wert der Mühle gibt er mit 2566 alte Schock Groschen an. Am 25.08.1637 wurde die Mühle an Johann Öttler verkauft. Am 07.01.1639 verpachtet er die Mühle auf 3 Jahre an Andreas Köppel von der Grünmühle bei Zollgrün für einen jährlichen Pachtzins von 120 Gulden und einem jährlichen Fischzug aus dem Mühlgraben oder der Wisenta. Die Mühle bestand, nach dem Pachtvertrag, aus 4 Mahl- und je einem Walk-, Schlag-, Schleif- und Schneidgang. Alle Mahlgänge waren „neu angerichtet und wohlbesteint". Die Mühlsteine waren aus Böhmen oder Crawinkel und galten als die Besten. Die Crawinkler Mühlsteinhauer sind ab 1519 urkundlich belegt. Im Jahre 1875 wird berichtet, das 11 Werkstätten 600 Mühlsteine in Crawinkel schufen. Aus dem Inventarverzeichnis ist zu ersehen, dass die Wohnung des Müllers aus einer 3- fenstrigen Stube und der Küche, einem neuen Ofen mit 4 Röhren, eine töpferne Blase und dem Feuerzug, einem neuen Ahorntisch und gute Bänke die „um und um" gehen und zwei Stangen über dem Ofen bestand. Außer dem Sammelbegriff „verschiedenes Werkzeug" werden Schraubstock und Ambos genannt. Zur Mühle gehörte ein Brauhaus mit einer 3 ½ Eimer (216,4 l) fassenden Braupfanne und dem nötigen Braugerät, denn die Mühle hatte 1564 das Recht erhalten, 4 Scheffel (7,7 hl) von selbst gebauter Gerste „zur eigenen Notdurft" zu brauen. Alles andere Bier musste der Müller in der Stadt Schleiz holen, in deren Bannmeile die Mühle lag. Zur Mühle gehörte ferner ein Eselstall mit „zwei neu beschlagenen Eseln", von denen einer trächtig sei, 1 Jungtier, ein Kuhstall mit 3 Tieren und eine Scheune. 1 Hahn und 4 Hühner sowie „sechshalb" Paar Tauben bevölkerten den Hof. Für einen Feuerschaden in der Mühle während der Pachtzeit haftet der Pächter mit 100 Gulden.

In der Nähe der Mühle waren im 17. und 18. Jh. nicht nur Silber- und Eisenerzgruben. 1620–1624 bestand bei der benachbarten Thomasmühle ein Eisenhochofenwerk und eine Kobalterzgrube, die 1736 durch eine Gewerkschaft von Schleizer, Scheeberger, Gothaer und Kasseler Herren unter dem Namen „Kobaltsche zum unverhofften Glück" wieder in Betrieb gesetzt wurde. Ein Jahr später erhielt die Gewerkschaft die Erlaubnis, für ihre abgebauten Kobalterze ein Pochwerk zu errichten. Dazu nahm sie die Ölmühle der „Glücksmühle". Für deren Benutzung erhielt der Glücksmüller Wolf eine jährliche Entschädigung bis 1740.

Die „Glücksmühle" wurde als Walkmühle von den Weißgerbern und Tuchmachern zum Walken der Felle und Tuche als Schleifmühle von den Beil- und Waffenschmieden der Stadt zum Schleifen ihrer angefertigten Erzeugnisse benutzt, z. B. Wetzsteine, die im Kiensberg bei Wüstendittersdorf gebrochen wurden. 1675 wird der Weißbäcker Hans Christoph Wetzel, als „Glücksmüller" genannt. Danach folgen Andreas Weithas, Eva Wetzel und 1721 durch Verkauf Hans Orlamünder von Crispendorf.

1737 wird der Pachtmüller Johann Tobis Wolf genannt.

Während des Siebenjährigen Krieges fand am 25.12.1758 bei Schleiz ein Gefecht zwischen Preußen und Österreichern statt, bei dem die „Glücksmühle" im Gefechtsfeld der österreichischen Infanterie lag und merklichen Schaden davontrug.

Am 03.07.1762 ritten sächsische Soldaten unter Führung von Jägerhauptmann Otto an der Glücksmühle vorbei Richtung Bergkirche.

1769 erwarb Johann Elias Franz aus Pöllwitz für 4000 Gulden die „Glücksmühle". An ihn erinnert noch der Schlussstein an der Hofseite der Mühle: J.E.F. 1769

Am 19.03.1775 wurde im Mühlgraben der Thomasmühle des „Glücksmüllers" Treiber tot aufgefunden. Er wurde zum Begraben nach Möschlitz gefahren und fand dort seine letzte Ruhe.

Schlussstein an der Wand.
Foto: Jürgen Knoch

1793 erbten die Tochter Erdmuthe, Dorthea und deren Verlobter Johann Heinrich Wolfram aus der Kienmühle Wüstendittersdorf, die „Glücksmühle".

Während ihres Besitzes ging die Welle der napoleonischen Kriege über die „Glücksmühle" hinweg. Die Gewaltwelle und die nachfolgenden Befreiungskriege brachten

Einquartierungen und Drangsale. Durch Gefecht mit den Französischen Truppen bei Schleiz am 09.10.1806 nachmittags brannten in Oettersdorf 32 Häuser ab. (Da die Schlacht bis in den Abend des 09.10.ging, ließ Marschall Murat diese Oettersdorfer Häuser zur Gefechtsfeldbeleuchtung anzünden, da die Schlacht noch nicht entschieden war.)

Die Franzosen kamen schnell nach Schleiz durch die Führung eines Lobensteiner Kutschers (Preußen Hasser). Er kannte die Wege durch Schleiz.

Napoleons Beobachtungsstand war auf dem „Am Hohen Roh" (Nordhang des Pfitzig).

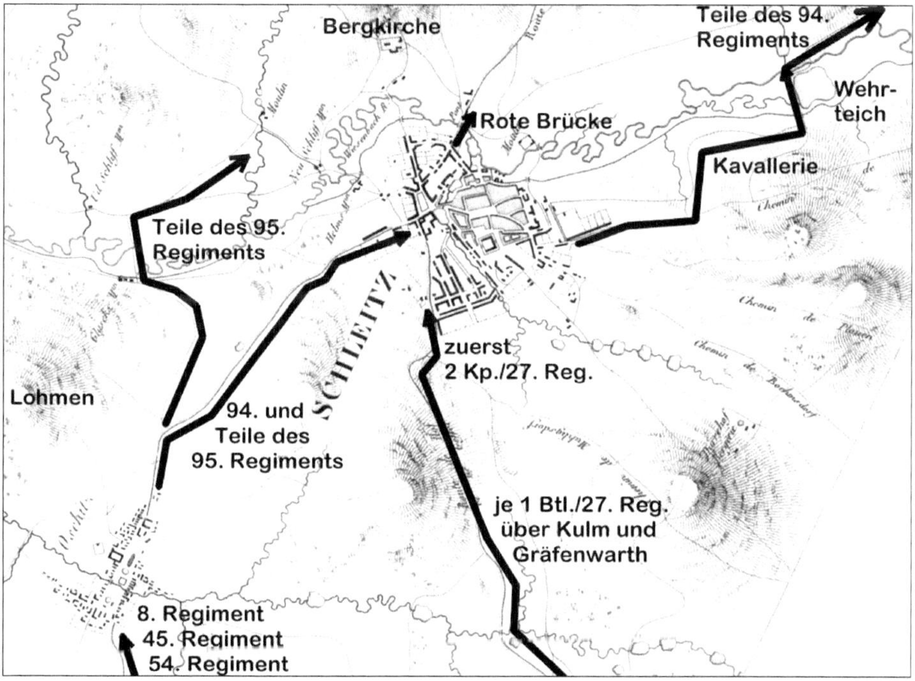

Marschwege der Napoleonischen Truppen durch Schleiz.
Archiv Jürgen K. Klimpke

Am 09.10.1806 fiel bei einem Verzweiflungsangriff mit seiner Kavallerie am Götzenteich der Obrist von Hochheimer im Alter von 73 Jahren.

Am 10.10. starb er im Pfarrhaus von Oettersdorf. Bei der Einquartierung Napoleons im Schleizer Schloss versicherte er dem Reußenlande um

Standort Napoleons mit Sicht auf das Schlachtfeld

Obrist von Hochheimer, Gedenkstein in Oettersdorf an der alten Kirche.
Fotos: Jürgen Knoch

Schleiz und Gera Schonung. Als der Fürst ihm im vertraulichen Gespräch das brennende Oettersdorf zeigt, soll er nur geantwortet haben „C'est la guerre!" (Das ist der Krieg!).

In Schleiz und Umgebung übernachteten einige Offiziere Napoleons, die offen empfangen wurden. Dafür wurde Görkwitz verschont. So erging es auch den Bürgerhäusern in Schleiz, die Offiziere als Einquartierung hatten. Dieses Haus wird zu Jubiläen von den Franzosen noch heute aufgesucht.

11. 10. 1806 wurde die „Glücksmühle" und die Rathsziegelhütte von der Nachhut (VI. Armeekorps unter Marschall Ney's mit 20.000 Mann Durchzug durch Schleiz in Richtung Jena) geplündert und angezündet. (nach Simon Lenzner, Pahnstangen, und Dr. Karl Stich belegt). Insgesamt zogen in

Schlacht bei Schleiz 1806. Archiv Jürgen K. Klimpke

vier Tagen 130.000 Soldaten mit über 30.000 Pferden, fast 150 Kanonen und 1.500 Fuhrwerke durch.

1823 wurde der Sohn Karl August Wolfram 1803–1861 neuer Eigentümer. Er erfror auf der Oettersdorfer Flur am 05.01.1861. 1842 verkaufte er die Mühle für 6700 Taler an seine Tochter Christiane Sophie und

Broßmann'sches Haus in Görkwitz. Sammlung Bachmann

deren Mann Johann Gottlob Ziegler aus Görkwitz. 1869 wurde die Mühle zwangsweise für 5750 Taler an Karl Gottlob Schiller verkauft. Schon 4 Monate später an Georg Heinrich Oertel aus Schleiz. Dieser errichtete 1879 das massive Stallgebäude, wie der Schlussstein über der Tür besagt: H. Oertel.

1881 ging die „Glücksmühle" an seinen Sohn Heinrich Karl Oertel weiter. Am 29.10.1885 brannte sie erneut ab. 1885 kaufte der Thomasmüller Christian Friedrich Rudolph die Brandstelle für 11.000 Mark und baute die „Glücksmühle" wieder auf. Hier ist der Schlussstein über der Haustür erhalten.

Im Laufe der Jahrhunderte gab es mehrere Jahre mit trockenen Sommern, in denen die Wisenta kaum Wasser hatte. Simon Lenzner verzeichnete die Jahre 1782, 1802, 1842, 1893 und 1904. Da musste der

Schlussstein über der Stalltür

Heutiger Blick auf die Gesamtanlage. Fotos: Jürgen Knoch

Müller die Bauern anstellen, deren Gut gemahlen werden musste, um die Wasserräder mit Menschenkraft zu treten. Es gab einen besonderen Winter, den Lenzner beschreibt. Es war der Winter von 1781. Da froren die Wasserräder ein und der Frost richtete sehr großen Schaden an.

Schlussstein über der Haustür

Er betrieb die „Glücksmühle nur als Roggen-Mahlmühle, während die anderen Mahlgüter in seiner Thomasmühle erledigt wurden. Der Sohn und Nachfolger Wilhelm Hugo Rudolph verkaufte die „Glücksmühle“ am 19.05.1903 für 19.500 Mark an den Drechslermeister Karl Franz Erdmann Wendel aus Löhma. Herr Rudolph nahm die Mühleneinrichtung mit und stellte die Bedingung, dass in der „Glücksmühle“ nicht gemahlen werden dürfe, solange die Familie Rudolph und seine Nachkommen in der Thomasmühle wohnen. Diese Bedingung sollte hinfällig werden, wenn die Familie Rudolph auf der Thomasmühle ausstirbt, diese verpachtet oder verkauft.

Hof-Szene vor der Haustür. Sammlung Bachmann

Karl Franz Erdmann Wedel richtete nun in der Mühle eine Drechslerei ein, deren Erzeugnisse weit in der Umgebung bekannt wurden. Er riss 2 Wasserräder ab und vergrößerte das Dritte für den Bedarf der Drechslerei 1967.

Altes Bild vor Umbau. Archiv Jürgen K. Klimpke

Hochwasser 1960-er Jahre an der Glücksmühle. Archiv Jürgen K. Klimpke

Glücksmühle in den 1920-er Jahren. Sammlung Bachmann

Der Mühlgraben verlief vor dem Nebengebäude. Mühlrad im Anbau unter der Terrasse.

Bei Wisentalauf-Regulierungsarbeiten 1970 wurde der Mühlgraben verfüllt.

Das vergrößerte oberschlächtige Wasserrad. Foto: Jürgen Knoch

Westansicht der Mühle, Mühlrad im Anbau unter der Terrasse. Sammlung Bachmann

Daneben betrieb er noch ein Fuhrgeschäft. Nach dem 1. Weltkrieg errichtete er 1921 mithilfe seines Sohnes eine Lohmühle. Hier wurden die Rinden aus dem Schleizer Wald und Umgebung zu Gerberlohe verarbeitet. Durch die Inflation kam das Geschäft 1925 zum Stillstand. Die „Glücksmühle" gehörte politisch zu Oschitz und wurde 1922 mit dem Dorf nach Schleiz eingemeindet. Durch die Verpachtung der Thomas-

Mühlgraben Einlauf (heute verschüttet, unterhalb der Zufahrtsstraße). Foto: Jürgen Knoch

Mühlgraben Auslauf in die Wisenta. Foto: Jürgen Knoch

mühle war auch die an Karl Franz Erdmann Wendel gestellte Konkurrenzklausel hinfällig geworden. Karl Franz Erdmann Wendel starb 1923, seine Frau Johanna Christiane Pauline geb. Wolf aus Möschlitz starb 1929. Der älteste Sohn Friedrich Karl Wendel erbte die Mühle und wandelte im ersten Stock die Mühlstuben in Fremdenzimmer um. Die Mühle wurde nun zur beliebten „Sommerfrische Glücksmühle", die besonders von Gästen aus Berlin, Leipzig und Chemnitz oft und gern besucht wurden. Nach seiner Verheiratung mit Emma Döpel aus Neundorf wandte sich Friedrich Karl Wendel der Landwirtschaft und dem Betrieb der Mühle zu. Seine Frau erweiterte die Pension Emma, war durch ihre Kochkunst und ihr hilfsbereites Wesen sehr beliebt. Sie führte ihren Gästen selbst geschriebene kleine Bühnenstücke vor.

1925 wurden durch Umbau in der Mühle ein Schrotgang und ein Quetschstuhl eingerichtet. Durch den Fleiß aller, insbesondere der Mutter Lina Döpel und ihrem Mann Otto Riedel konnte der Grundbesitz der „Glücksmühle" von 18 auf 50 Morgen erweitert werden. Der Mahlbetrieb wurde 1955 gleichzeitig mit der Thomasmühle eingestellt. 1972 wurde Friedrich Karl Wedel auf Betreiben der politischen Organe enteignet. Im wurden vor seinen Augen alle Kühe aus dem Stall getrieben und die Ländereien konfisziert.

Sie wurden dann durch die LPG bewirtschaftet. Von dieser Ungerechtigkeit „Im Namen des Volkes" hat er sich nie erholt. Ein klein wenig Land konnte sich Herr Wedel um die Mühle erhalten, indem er dort seine **„Ziegenbock-Station"** aufbaute. Hier konnten die Bauern der Umgegend ihre Ziegen zum „Bock" bringen. Herrn **Otto Riedel** ist auch die

Glücksmühle vom Lohmen herabgesehen, im Vordergrund die Gleise der Kleinbahn. Sammlung Bachmann

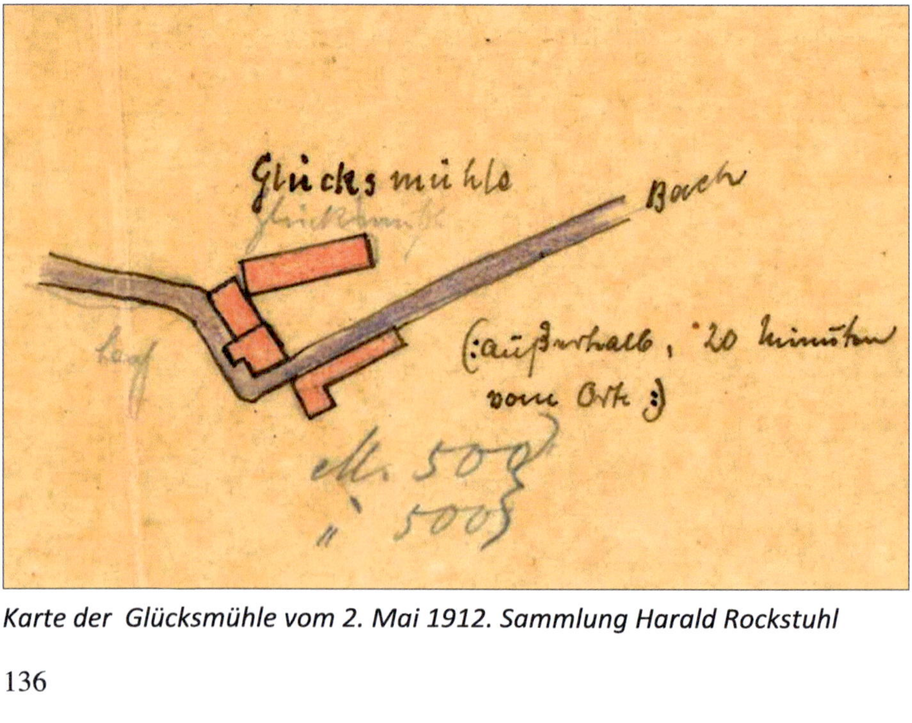

Karte der Glücksmühle vom 2. Mai 1912. Sammlung Harald Rockstuhl

Familienbild. Sammlung Bachmann

Glücksmühle am 9. Mai 1987. Luftaufname der INTERFLUG mit Bildflug-Nr. 198708, Bild-Nr. 0161

Glücksmühle am 16.4.2019, Bildflug-Nr. 201911, Bild-Nr. 10016© GDI-Th.

Glücksmühle 2017. Foto: Jürgen Knoch

Bedarfshaltestelle „Glücksmühle-Mönchgrün“ zu verdanken. 1972 erbte die jüngste Tochter Ingeburg Jansen die „Glücksmühle“. Sie erweiterte die Übernachtungsmöglichkeit für die Sommergäste 1970 um 5 Zimmer über dem Kuhstall. In den 1960-ern und 70-ern waren bis zu 60 Sommerfrischler in der Pension. Ingeburg Jansen war beliebt und bekannt als „flotte Inge mit ihrer Sport-AWO“. Durch ihr sonniges Wesen konnte sie Alt und Jung erfreuen. Als alleinerziehende Mutter mit zwei kleinen Töchtern meisterte sie die Landwirtschaft, den Mühlenbetrieb und die Sommerfrische mit Vollpension für ihre Gäste. Zusätzlich besorgte sie noch die betagten Eltern. Der Mühlenbetrieb wurde 1976 eingestellt. Nach kurzer Krankheit verstarb Ingeburg Jansen 1983, im Alter von 53 Jahren. Daraufhin erbten die Töchter Jutta und Sybille die „Glücksmühle“. Jutta konnte bis zur Wende ihren Gästen eine wunderbare Gastgeberin sein. Danach wurde die Glücksmühle ausschließlich privat genutzt. 1990 bis 2011 privat.

Nach dem Umbau im Jahr 2011 konnte der Landgasthof und die Pension „Glücksmühle“ wiedereröffnet werden. 2015 wurde der historische Mühlenraum als Gastraum und kleines Museum einbezogen. Seit nunmehr 112 Jahren ist die „Glücksmühle“ durchgehend in Familienbesitz. Sie sind darüber sehr stolz.

Mühlenbesitzer

1318	Verleihung der halben Mühle vom Hause Reuß an das Deutsche Haus in Schleiz
1539–1567	Heinz Glück, ab 1564 Braurecht
1557–1568	Thomas Hellfritzsch
1569–1593	Hans Türsch
1593 –	bis dessen Tod, Hans Berger, Erbe Georg Giegling
1625	Tausch mit Hans Roßner
1637–1639	Johann Öttler
1639–1641	Verpachtung an Andreas Köppel
1675–1721	Hans Christoph Wetzel, Erben verkaufen
1721–1737	Hans Orlamünder
1737–1769	Johann Tobis Wolf, Pachtmüller (Siebenjähriger Krieg)
1769–1793	Johann Elias Franz,
1793–1823	Tochter Erdmuthe Dorothea Franz mit Verlobtem Johann Heinrich Wolfram (Napoleonzeit miterlebt)
1823–1842	Karl August Wolfram
1842–1869	Johann Gottlob Ziegler (Schwiegersohn)
1869	Zwangsverkauf an Karl Gottlob Schiller
1869–1881	(nach 4 Monaten Besitz) an Georg Heinrich Oertel
1881–1885	Heinrich Karl Oertel (Totalschaden nach Brand)
1885–1896	Christian Friedrich Rudolph (Thomasmüller) kauft Brandstätte
1896–1903	Wilhelm Hugo Rudolph
1903–1923	Karl Franz Erdmann Wendel
1923–1972	Friedrich Karl Wendel – Enteignung
1972–1983	Ingeburg Jansen (Tochter)
1983–1989	Jutta Bachmann (Tochter)
1990–2011	private Nutzung
2011 –	Landgasthof und Pension „Glücksmühle“ Jutta Bachmann

Literatur: 46, 48, 49, 50, 51, 52

Thomasmühle in Oschitz

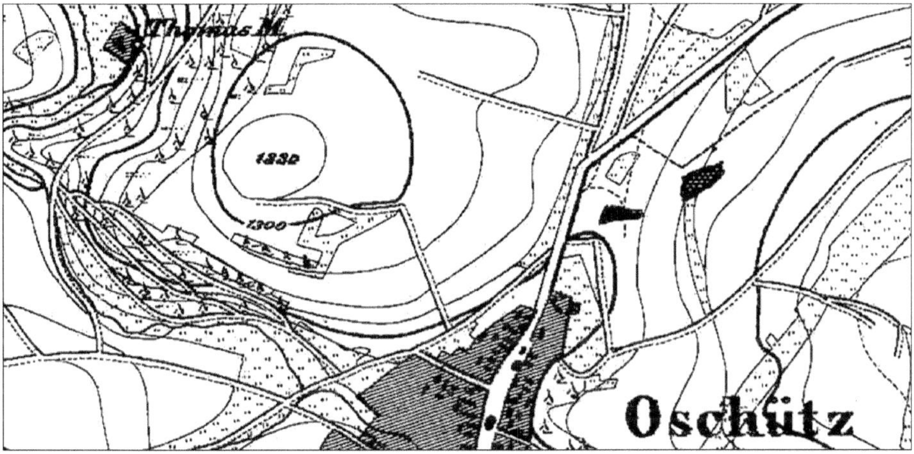

Karte Standort der Thomasmühle 1873. (Auszug) Karte Schleiz 3184 aufgenommen vom Kgl. General-Stabe im Jahr 1855; Herausgegeben vom Kgl. Ministerium für Handel 1873

Die Thomasmühle lag unterhalb des Lohmen bei Oschitz.

Als erster Besitzer wird 1460 ein Hans Thomas als Nachfolger seines Vaters genannt. Zusammen mit dem Baiersmüller und dem Müller der Möschlitzer Dorfmühle bat der Thomasmüller Peter Thomas 1590 wegen einer großen Dürre im Lande den Landesherren den „Pörmitzer Teich" zu ziehen, um Mahlwasser zu bekommen und eine Teuerung für die armen Untertanen zu mildern. Bedingung war, dass die Fische keinen Schaden nehmen.

Unter seinem Sohn Andreas Thomas wurde die Mühle stark verändert. Im Jahre 1620 pachtete eine Gewerkschaft, deren Hauptgesellschafter der Landesherr selbst war, die Mühle. Dies wurde nötig, um die anfallenden Eisenerze aus dem Bergbau in der Nähe der Gruben zu verarbeiten. Dafür errichteten sie ein Eisenhüttenwerk. Dieses Werk war bis 1624 in Betrieb. Im Eisenwerk wurden von 1620 bis 1624 165.000 Zentner Eisenerz verhüttet. Das Werk stellte davon insgesamt 4195,5 Zentner Roheisen und Gusswaren her u. a. Öfen, Mörser, Töpfe, Ambosse und Mühlzapfen. Die Gesellschaft erhoffte sich großen Gewinn, der durch die starke Geldentwertung der Kipper- und Wipperzeit am Ende zum Konkurs führte. Die Geldentwertung, die im 2. Jahrzehnt des 17. Jahrhunderts ihren Höhepunkt hatte, zerstörte viele Existenzen. Kippen bedeutete Schneiden und wippen – wiegen, das bedeutet das die Münzherren gutes Geld einschmolzen und prägten minderwertiges Geld. Wenn sie ohne Schaden münzen wollten, mussten sie mit schlechter Ausprägung unterbieten. Der Haupttragende dieser gesamten Entwicklung war der Müller Hans Thomas, er bat den Landesherren den Ofen, den der Hofmeister Valentin Pfretschner beim Bau ohne Erlaubnis des Müllers, einige Flächen des Mühlenbesitzes verwüstet und untergraben hatte und allen Vorrat unter Beschlag nehmen zu dürfen, da auch noch eine Schuld eines Schleizer Kaufmannes auf der Mühle lag. Der Schleizer Ratsherr Johann Engelschall ließ daraufhin die Mühle in Beschlag nehmen. Er setzte den Wert der Mühle auf 842 Gulden fest. Aufgrund der hohen Schuldenlast des Eisenwerkes konnte die Mühle nicht verkauft werden, sodass der Landesherr eine Zwangsverwaltung von 1637 bis 1645 anordnete. Ab da übernahm der Oschitzer Feudalherr Georg Heinrich von Kospoth. Er setzte Pachtmüller ein. Nach einem nochmaligen Verkauf im Jahre 1674 kam sie in den Besitz des Schleizer Weißgerbers Christoph Oelßner. Er stammt aus einer alten Schleizer Müllerfamilie.

Sie betrieb die Mühle fast 50 Jahre lang. Danach wird der Hammerherr Salomon Beyer als Besitzer genannt. Dann, ab 1745 begann die ein Jahrhundert andauernde Nutzung der Familie Heinrich Gottlieb Marx aus Gera. Er unterschrieb den Brief zur Instandsetzung der Wisentaquelle mit, leider hat der erste Übersetzer die Unterschrift falsch gelesen.

Die große Scheune (die „gruße Schenn"). Archiv Jürgen K.Klimpke

1760 völlig abgebrannt durch Verwahrlosung der Ölmühle (Simon Lenzner). Ein sechsjähriger Junge fand dabei den Tod. Sie wurde wieder errichtet. Nach Tod seines Vaters erbte sein Sohn (Name nicht genannt) im Alter von acht Jahren die Mühle. Die Mühle wurde verwaltet, bis er sie selbst übernehmen konnte. 1869 musste Heinrich Gottlieb Marx wegen zunehmenden Schulden verkaufen. Käufer war Christian Friedrich Rudolph aus Mönchgrün. Die Familie wirkte bis Anfang der 30-er Jahre des 20. Jahrhunderts auf der Mühle. Am 17. Juli 1884 erschien Christian Friedrich Rudolph vor dem Friedensrichter in Volkmannsdorf und zeigte zwei Personen wegen Zahlungsrückstand an.

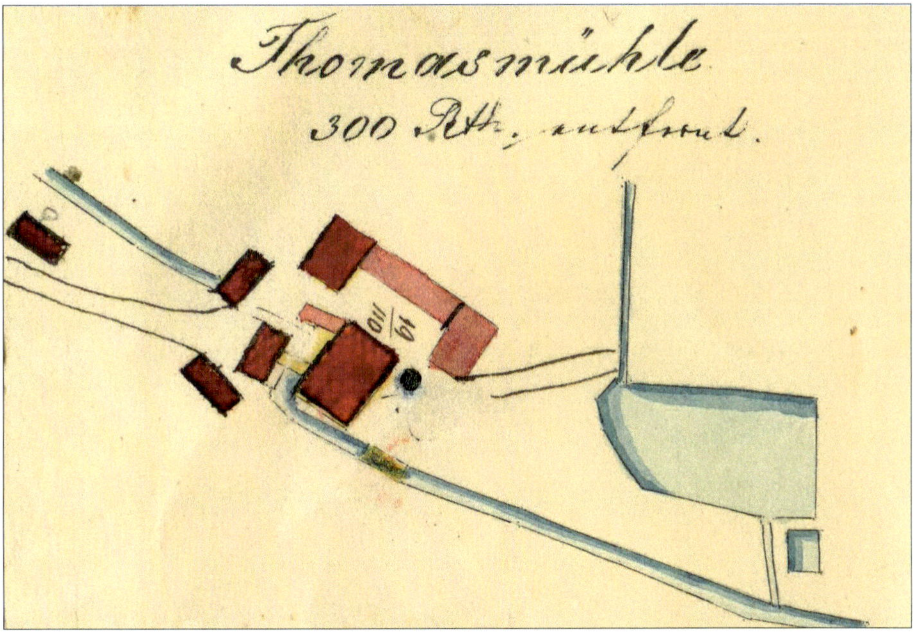

Karte der Thomasmühle von 1877. Sammlung Stephan Umbach

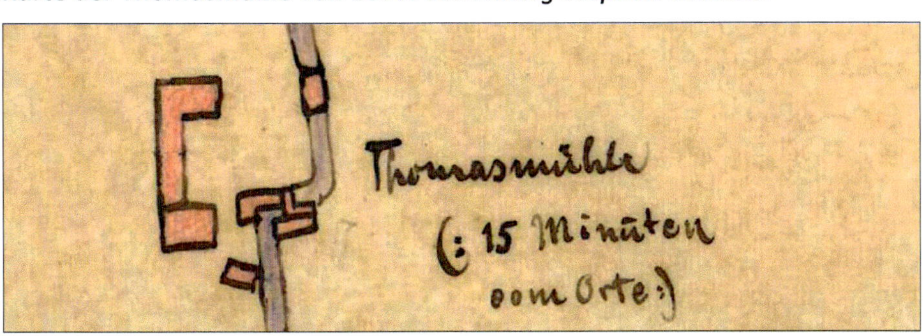

Karte der Thomasmühle vom 2. Mai 1912. Sammlung Harald Rockstuhl

Die Verhandlung fand am Sonntag, den 20. Juli abends 8.00 Uhr statt, bei der die beiden schriftlich festlegten, dass innerhalb kurzer Zeit die Schulden beglichen werden müssen. Von 1885 bis 1903 übernahm der Thomasmüller die Glücksmühle. Er kauft die Brandstelle der Glücksmühle und baute sie wieder auf. Er hinterließ seine Initialen über der Eingangstür der Glücksmühle. Sie wurde parallel betrieben, getrennt nach Mahlgut. In der Thomasmühle wurde Weizen, Gerste, Hafer u. a. gemahlen, in der Glücksmühle nur der Roggen. Sein Sohn Wilhelm Hugo Rudolph verkaufte 1903 die Glücksmühle an Karl Franz Erdmann Wendel aus Löhma. Rudolph legte aber Bedingungen im Vertrag fest, solan-

Thomasmühle neben der A9. Archiv Jürgen K.Klimpke

ge die Familie Rudolph auf der Thomasmühle mahlt, darf in der Glücksmühle nicht gemahlen werden. Dies trifft nicht mehr zu, wenn sie diese verpachtet oder verkauft. Dieser Fall trat Anfang 1922 parallel mit der Eingemeindung von Oschitz nach Schleiz ein. Hugo Rudolph hatte seit Beginn des Ersten Weltkrieges große Schwierigkeiten. Frau schwer krank, beide Söhne im Krieg. Er hatte große finanzielle Nöte. Er ließ sogar seinen Wald mit 1000 Festmetern roden, um vom Holzverkauf die Schulden tilgen zu können. Das gelang ihm aber nicht, da während der Inflation die Holzpreise verfielen. Seine erste Frau verstarb. Er heiratete wieder. Seine zweite Frau brachte eine Tochter (Elfriede Hildegard Landrock, verh. Meyer) mit in die Ehe. 1930 kam es zur Zwangsversteigerung der Thomasmühle.

Hugos Sohn Paul war nach dem Krieg Besitzer der Dorfmühle in Görkwitz geworden. Seine große Familie konnte den Vater nicht auch noch mitversorgen. Sein angeheirateter Schwiegersohn Josef Meyer (Bahn-

Die Mühle während der Abrissarbeiten. Archiv Jürgen K.Klimpke

hofsbuchhandlung in Hof) ersteigerte sie für 8327,27 RM. Als Besitzerin wurde Frau Meyer (Tochter aus erster Ehe von Rosina als Besitzer eingetragen. Hugo und Rosina Rudolph mussten ausziehen und bezogen eine kleine Wohnung in Schleiz. 1932 beantragten sie bei dem Wohlfahrtsamt Schleiz Unterstützung, die ihnen gewährt wurde, aber nur 33 RM/Monat. Ihre Miete betrug 28 RM/Monat. Die alte Mühle besaß 3 oberschlächtige Mühlräder.

1932 verpachtete sie die Mühle an Arno Eichhorn. Jährliche Pacht 1150 RM.

1939 kaufte Wilhelm Schaller die Immobilie. Die Mühle enthielt 3 Walzenstühle, 1 Mahl- und 1 Schrotgang. Er baute zwei Francis-Schachtturbinen ein, mit 12 und eine mit 6 PS ein. Dazu noch einen Dynamo mit 8 KW, der den Strom für seine Lichtquellen lieferte.

Der letzte Müller Wilhelm Schaller wollte sie noch erhalten, scheiterte jedoch an fehlenden finanziellen Mitteln. Schaller konnte das Abliefersoll der Landwirtschaft nicht erfüllen. 15,5 ha Landwirtschaft und 8 ha Wald brachten nur schlechte Erträge. Der Druck erhöhte sich. Nach einer Familienfeier in der BRD kam er nicht wieder zurück. Die Mühle wurde zwangsstillgelegt.

Einstellung des Betriebes **1955**. 1960 war die Mühle schon im Verfallsstadium. Ein Aufruf, die Mühle als Denkmal zu erhalten, an die staatlichen

Stellen traf auf taube Ohren. So kam der zwangsläufige Abriss 1961. Die Turbinen sind seit dieser Zeit in der Görkwitzer Mühle verbaut.

Der Mühlgraben ist teils noch erhalten. Der Einlauf ist verfüllt.

Der Mühlgrabenauslauf in die Wisenta. Foto: Jürgen Knoch

Thomasmühle am 26. Dezember 1944, US-Spionageflug mit der Bildflug-Nr. 194439 und Bild-Nr. 4072 © GDI-Th.

Die Thomasmühle – kulturgeschichtlich betrachtet, von cand. phil. Gerhard Werner, Oberlandbote 1960

Nachdem wir mit den historischen Begebenheiten der Thomasmühle vertraut gemacht wurden, wollen wir uns einmal den Gebäuden selbst widmen.

Von welcher Seite man sich dem Tale der Wisenta nähert, überall erblickt man von der Mühle zunächst nur ein großes Gebäude mit einem wuchtigen Dach. Dieses Gebäude wird im Volksmund allgemein die „gruße Schenn" genannt. Sie ist breit gelagert, geräumig in ihrem Inneren und besitzt einen Doppelboden, der von außen durch Abtreppung des Daches kenntlich gemacht wird.

Scheune im Vordergrund. Aus „Oberlandbote" 1960 S.34ff

Das gleiche Aussehen besitzt das eigentliche Mühlengebäude auf der gegenüberliegenden Seite. Es ist ebenfalls sehr breit gelagert und hat das gleiche Mansardendach wie die Scheune. Auf dem einstöckigen Unterbau, der aus massiven Steinen, wahrscheinlich Bruch- oder Feldsteinen gebaut ist, erhebt sich das abgedreppte Dach, wobei die Giebel aus einfachem Fachwerk bestehen. Die Scheune dagegen besitzt schon im Untergeschoß zum Teil Fachwerk, was aber fast überall durch die

Blick vom Lohmen auf die Thomasmühle (links die Scheune, rechts vorn die Mühle).

Thomasmühle kurz vor dem Abriss, im Vordergrund die Kleinbahn.
Blick vom Amorfelsen auf die Thomasmühle.
Beide Bilder aus dem „Oberlandbote" 1960 S. 34ff

Holzvertäfelung verkleidet ist. Die Anordnung der Gebäude ergibt ein typisches mitteldeutsches Gehöft, wie wir es in jedem Dorf unserer Heimat antreffen können. Die Gebäude sind so zueinander gestellt, dass sie sich um einen mehr oder weniger geräumigen Hof konzentrieren.

Wie alt sind die Gebäude der Thomasmühle? Nach einem Brand im Jahre 1760 ist er sofort wiederaufgebaut worden, und zwar im späten barocken Stil. Gerade die Mansardendächer sind dafür typisch. Der Barockstil drückt sich also nicht nur in großen Schloss- oder Kirchenbauten aus, sondern hat sogar Einfluss auf die Architektur der einfachen ländlichen Häuser gehabt. Dieses Moment kann bei vielen anderen Gehöften nachgewiesen werden, und die Thomasmühle ist nicht das einzige barocke Bauernhaus. Gehöfte dieser Art gibt z. B. in Muntscha bei Auma, in Löhma und Weckersdorf oder in Gräfenwarth, um nur einige zu nennen. Im Inneren des Gehöftes der Thomasmühle verbindet ein Laubengang in der zweiten Etage des Stallgebäudes das Wohnhaus mit der Scheune. Nur von hier aus sind die Räume über der Stallung zugänglich.

Derartige Laubengänge finden sich ebenfalls noch häufig bei Bauernhäusern, die aus der Barockzeit stammen.

Das Mühlengebäude der Thomasmühle. Aus „Oberlandbote" 1959 S. 217

Im Oberland gibt es nur noch ganz wenige Mühlen, die ihr ursprüngliches Gepräge und Aussehen vollkommen erhalten haben. Alt – das heißt mindestens 200 Jahre – in Geschlossenheit und Gehöft-Anordnung, ebenfalls in den Gebäudeteilen ist neben der Thomasmühle nur noch die Triebigsmühle zwischen Seubtendorf und Saalburg. Alle anderen Mühlen sind im Laufe des 19. Jh. oder im 20. Jh. baulich verändert worden.

Es wäre nun schade, wenn diese alte Mühle, die zu den ganz wenigen originalen barocken Gehöften gehört, abgerissen und nicht mehr das Landschaftsbild zieren würde. Die verantwortlichen Stellen sollten sich doch noch einmal wegen des evtl. Abbruchs Gedanken machen, vielleicht kann uns doch noch ein Bau- und Kulturdenkmal mehr erhalten bleiben!"

Die Mühle wurde 1961 abgerissen.

Thomasmühle 1950-er Jahre kurz vor Abbriss.
Sammlung Bachmann

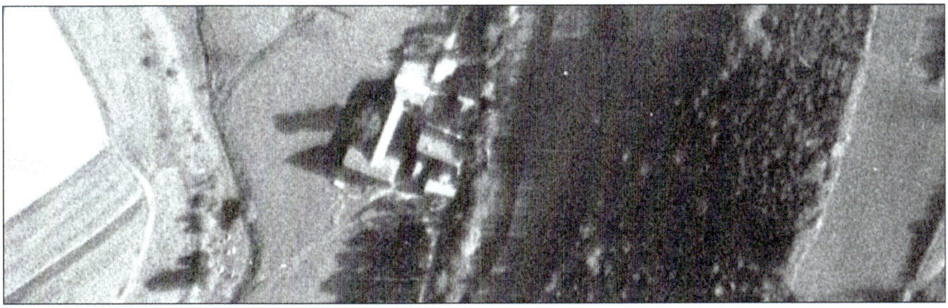

Thomasmühle am 21.6.1953, Sowjetischer Bildflug mit Bildflug-Nr. 195320, Bild-Nr. 10024 © GDI-Th.

Heutige Stelle nach Abriss des Hofes. Foto: Jürgen Knoch

Einlaufbauwerk für die Turbinen (unterhalb des Saale-Radweges). Foto: Jürgen Knoch

Mühlenbesitzer Thomasmühle in Oschitz

Bis 1460	Vater von Hans Thomas
1460–	Hans Thomas
1590	Sohn Peter Thomas
–1620	Sohn Andreas Thomas
1620–1624	Verpachtung an Gewerkschaft – Bergbau
1624	Beschwerde von Thomas bei den Landesherren
1637–1645	Zwangsverwaltung durch das Heus Reuß
1645–1674	Eigentum des Feudalherren Georg Heinrich von Kospoth, setzt Pachtmüller ein
1674–1723	Christoph Oelßner
1723–1745	Salomon Beyer (Hammerbesitzer)
1745–	bis Tod Heinrich Gottlob Marx

Ab Tod des Vaters bis 1869 Heinrich Gottlieb Marx

1869 –	Christian Friedrich Rudolph
–1930	Hugo Rudolph, Zwangsvollstreckung eingeleitet
1930–1945	Schwiegersohn ersteigert das Erbe für seine Frau Elfriede Meyer
1932	tritt Pachmüller Arno Eichhorn ein
1945–1960	Wilhelm Schaller
1961	Totalabriss

Literatur: 53, 54 ,55, 56

Wüstung Thomasmühle am 16.4.2019, Bildflug-Nr. 201911, Bild-Nr. 10016 © GDI-Th.

Beyersmühle bei Mönchgrün

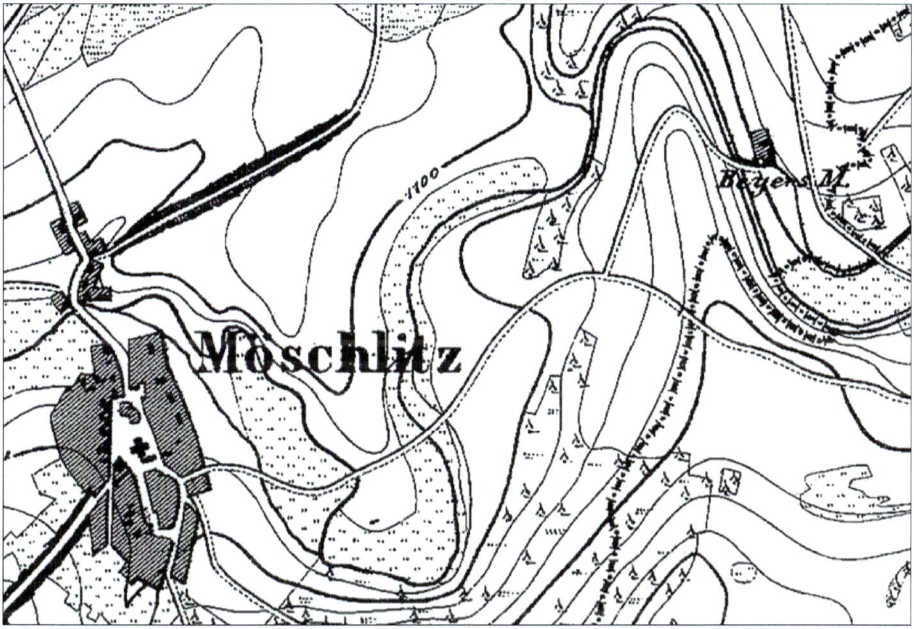

Beyersmühle 1873. (Auszug) Karte Schleiz 3184, aufgenommen vom Kgl. General-Stabe im Jahr 1855; Herausgegeben vom Kgl. Ministerium für Handel 1873

Die Ersterwähnung ist dem Deutschen Hause zu verdanken. Burggold von Kospoth verleiht 1333 dem Deutschen Hause zu Schleiz u. a. eine halbe Mark Geldes von der Hartmannsmühle. Der Besitzer Barthel Hartmann verstarb 1333. Der Komtur des deutschen Hauses verleiht es an den Müller Nicol Peier zum gleichen Preis. Eine Jahreszahl wird nicht erwähnt. Der Name Hartmannsmühle trat nur einmal auf. Nach Hänsel liegt die Vermutung nahe, dass es sich und die spätere Beyersmühle handelt. Die Landesherren erteilten die Genehmigung zum Errichten von Mühlenbetrieben (Mühlenregal), mit dem Mühlenregal war das Wasserrecht und der Mühlenbann oder -zwang verbunden. Die Errichtung einer Mühle war eine kostspielige Angelegenheit, meist errichteten die lokalen Rittergüter die Mühlen und verpachteten sie weiter. Die Beyersmühle lag unter der Lehn-, Zins- und Erbgerichtsbarkeit des Deutschen Hauses in Schleiz. Sie musste Zimmerfron für die Herrschaft Burgk auf deren Gebiet sie lag, leisten. Der Name Beyersmühle veränderte sich anfangs in der Schreibweise, so wird sie Beers-, Pörsch- oder auch

Põritschmühle in Urkunden genannt. Sie hat wohl von ihrem Besitzer Hans Peier, deren ältester Nachweis auf das Jahr 1488 zurückgeht, ihren Namen. Im gleichen Jahre beschwerte er sich darüber, dass ihm von der Herrschaft seine Fischweide im Mühlgraben, die schon seine Eltern und Großeltern besaßen (indirekte Bestätigung, das die Peiers schon seit Nickel Peier auf der Mühle sind), streitig gemacht wurde. In Zeugenverhören vor dem Notar Johannes Egner in Jörg Farbemachers Haus in Neustadt an der Orla am 24.11.1488 sagten Heinrich Wetzel, Nickel Kopeler, Hans Otte, alle sind aus Möschlitz, Hans Orlamünder aus Weisbach, Heinrich Steinhäuser aus Azomichsgrün (Ort ist nicht zu identifizieren), Barthel Weiße und Markus Bessolt aus Pößneck, Erhard Oelsner aus Burgkhammer und ein Nickel Wetzel aus Weißen (bei Rudolstadt), übereinstimmend aus, dass das Fischwasser seit über 30 Jahren der Beyersmühle gehört. Daraufhin schlichtete der berufene Schiedsrichter Erhard von Watzdorf den Streit und entschied zu Gunsten der Beyersmühle *„wie das von altersher gewesen"*.

Vorderansicht des Mühlenkomplexes. Foto: Jürgen Knoch

Als nächste Müller sind 1554 die Brüder Wolf und Erhard Peier im Besitz der Mühle. 1564 besaß die Mühle Braurecht je 4 Scheffel Gerste für den Müller und den Hammerschmied „zur eigenen Notdurft". Nach dem Tod von Erhard erbten seine Kinder Hieronymus, Hans, Paul und Anna verehelichte Zillig, seine Hälfte. Wegen des Kaufs der Hälfte entstand 1571 ein Streit, den der Burggraf schlichtete. Ab dem Zeitpunkt ist Wolf Peier alleiniger Besitzer der Beyersmühle.

1577 wird er noch genannt. 1593 und 1596 wird Paul Peier erwähnt, vermutlich sein Sohn. 1595 drangen Schleizer Bürger in die Mühle ein. Sie behaupteten, die Beyersmühle hätte Bier nach Mönchgrün, Pahnstangen und Neundorf verkauft und damit die „Bannmeile“ verletzt. Sie zerschlugen das Braugerät und ließen das Bier aus den Fässern laufen.

Wann die Familie die Mühle aufgegeben hat, ist nicht mehr zu ermitteln, wahrscheinlich hat sich ein Zweig in Möschlitz niedergelassen, denn 1596 ist ein Hans Beiermüller im Teilungsregister des Amtes Burgk aufgeführt. Das Kirchbuch Schleiz nennt 1611 erstmalig Paul Schmidt, genannt Behr, als Besitzer der Mühle aufgeführt. 1593 wird auch ein Hans Behr Müller in Möschlitz in der Behrsmühle, woraus der Name Pörschmühle entstanden sein mag. Die Namen Behr (Peher) und Paul Peier als auch der Paul Schmidt deuten auf die gleiche Person, die im Sprachgebrauch so entstanden waren, da sie alle als Müller zur gleichen Zeit genannt werden. 1622 wird Hans Schmidt als Görkwitzer Müller genannt, wohl ein Sohn von Paul Schmidt. Dieser führte den Beinamen „Beiersmüller“ noch eine ganze Weile. Sicherlich war die Familie Peier (Beier) durchgehend auf der Mühle, da Hans Peier beim „Fischwasserstreit“ seine Eltern und Großeltern erwähnt, die schon immer dieses Recht hatten. Es geht um die Zeitspanne von 155 Jahren. Während des 30-jährigen Krieges nahm er einen Kredit von Georg Glauber auf.

Im 30-jährigen Krieg wurde dem Müller arg zugesetzt, weil die Mühle 1642 von den Gläubigern, den Erben des Schleizer Handelsherrn Georg Glauber zusätzlich bedrängt wurde. Sie übernahmen die Schuldforderungen und betrieben die Mühle 6 Jahre lang (bis 1648). Sie setzten Pachtmüller ein. Einer der Erben Glaubers, der Hof- und Stadtphysikus Joachim Kolbe, verkaufte die Mühle 1648 an die Witwe des Paul Schmidt, Ursula Schmidt, genannt Behr, die Ihre Söhne Hans und Nicol damit belehnen ließ. Der damalige Kaufpreis lag bei 1060 Gulden. Der Verkäufer hat aber die bisher aufgelaufenen Kriegskontributionen angegeben und ließ sich ein Vorkaufsrecht eintragen. Er hielt die Mühle als einträgliches Geschäft, nur die schlimme Zeit und die verfallenen Preise sowie die erhöhten Aufwendungen verfälschten deren Ökonomie. Nach dem Tod der Mutter sind beide Brüder (Hans und Nicol Schmidt) je zur Hälfte belehnt. Nach dem Tod des Hans Schmidt, genannt Behr, verkaufte dessen Hälfte seine Witwe Maria 1689 für 450 alte Schock Groschen an Jakob Wolf. Die Familie des Nicol Schmidt war noch bis 1693 in Besitz, dann verkaufte seine Witwe Eva an den Bräutigam der jüngsten Tochter Anna Maria, dem Hammerschmied Martin Pilling aus dem

Walsburger Hammer für 530 alte Schock (Aßo) und behielt sich den Auszug vor. Nach diesem Kaufbrief vom 27.12.1693 hatte die Mühle 4 Mahlgänge, von aber nur 3 noch gangbar waren, eine Schneide – und eine Schlagmühle. Letztere war ebenso nicht betriebsbereit. Am 5.2.1697 erwarb Martin Pilling auch noch die andere Hälfte von seinem Schwager Jakob Wolf für 700 Aßo Groschen. Damit war die Mühle wieder in einer Hand.

Die Hauptkundschaft waren die Mönchsgrüner, da sie zwangsverpflichtet waren. Als sie aber 1671 vom Amt Burgk der Stöckigtsmühle in Grochwitz zugewiesen wurden, erhob das Deutsche Haus Schleiz als Lehnherr der Beyersmühle Einspruch. Dies blieb aber ohne Erfolg. Der Besitzer Martin Pilling richtete 1717 erneut ein Gesuch an das Deutsche Haus, die es an die Landesherren weitergaben, wegen „da das Mahlwerk ganz in decrement (Verfall) geraten und er nicht mehr in der Lage sei, seine Abgaben zu entrichten“. Über den Ausgang liegen keine Informationen vor.

Martin Pilling war Hammerschmied, deshalb verpachtete er an seinen Schwager Jakob Wolf und errichtete ein Hammerwerk. Leider ist wenig zu finden über seine Hammertätigkeiten. Nur ein Vertrag (nach Hänsel) mit dem Schloss-Zimmermeister Johann Niklas Scharrer in Hof vom

Mühlengebäude 2020. Foto: Jürgen Knoch

Jahre 1700 die auf Lieferung einer neuen Braupfanne „von gutem zweigeschmelztem Blech, 16–17 Zentner schwer, den Zentner zu 7 Taler ist erhalten“. Die alte Braupfanne wollte Scharrer für 25 Taler übernehmen. Immerhin muss das Hammerwerk Erfolg gehabt haben, denn sein Bruder, der auch Hammerschmied war, zog mit auf die Mühle. Er verkaufte ihm am 1.11.1698 die halbe Mühle mit samt der halben Scheidemühle und dem Hammerhüttlein für 700 Aßo Groschen. Über den Hammer selbst heißt es im Kaufvertrag „Der Hammer soll zu gleichen Teilen zugleich betrieben, auch die Kohlen und Eisen von beiden angeschafft werden. Und da nun einer zu verreisen benötigt, so soll der Andere inzwischen ohne Lohn, auch ohne Vorteil den Verdienst mit ihm gleich teilen. Ob ferner auch einer von den beiden Brüdern versterben würde, so soll alsdann dessen Witwe und Kindern gleichfalls ohne Lohn und Vorteil die Hälfte des Gewerbes sowohl im Hammer als in den Mühlen oder wo es sonst sein mag, gereicht und abgefolgt werden, jedoch das dieselben die Hälfte der Unkosten und Bedürfnisse dazu mit beitrage und so viel ihnen möglich hilfliche Handreichung tun, bis etwa mit Gelegenheit ein Gesell oder Junge kann zur Arbeit gebracht werden; in dessen Ermangelung aber soll dennoch seine Pfändung oder Wechsel im Hammer vorgehen, sondern es damit im vorigen Stand bleiben bis von des verstobenen Kindern eines solches Hammer mag mit versorgen können“.

Bald aber wurden die Brüder uneinig, sodass das Deutsche Haus festlegte, das einer des anderen Hälfte kaufen solle. Martin erwarb die Hälfte des Andreas 1702 für 110 Aßo Groschen wieder zurück. Ein Jahr später (1703) zog Georg Wilhelm Jakob als neuer Pachtmüller ein. Fast zwei Jahrzehnte blieb Martin Pilling auf der Mühle. 1721 erwarb er die Kühnmühle (spätere Burkhardtsmühle) und verkauft seinen bisherigen Besitz für 2600 Gulden an den Pachtmüller Georg Heinrich Wolf, dessen ältester Sohn gleichen Namens Müller in Raila damit beliehen wurde. „Der Kaufpreis setzte sich zusammen aus 900 Gulden für alle Gebäude und die dem Deutschen Haus lehnbaren Stücke, 700 Gulden für die dem Amte in Schleiz und dem Rittergut in Oschitz lehnbaren freien Stücken und 700 Gulden für die Mühl- und Hammergeräte, die anstehende Ernte und einen Teil des lebenden und toten Inventars.“ Zum ersten Mal wird in diesem Kaufvertrag ein Brauhäuslein genannt, das wohl von Martin Pilling stammt. Wahrscheinlich erbaute Pilling ein neues Brauhaus, da er nicht nur als Müller, sondern auch als Hammerschmied das Braurecht ausüben durfte.

Schon nach 2 Jahren übergab aus Altersgründen an seinen jüngsten Sohn Johann Georg Wolf. Dieser verpachtete die Landwirtschaft an Johann Sippel. Sie bestand aus einem Pferd, zwei Ochsen und zwei Kühen. Über das Hammerwerk wird nichts überliefert.

1734 verkaufte er an den Pachtmüller Georg Oettler aus Grochwitz. Der Kaufpreis betrug 2200 Gulden inklusive der auf der Mühle liegenden Schulden von 1532 Gulden. Im Jahre 1762 übergab er seinen Besitz an seinen gleichnamigen und einzigen Sohn. Dieser wurde mit dem Besitz nicht froh, der siebenjährige Krieg mit seinen Geldzahlungen und Steuern lastete schwer auf der Mühle, ebenso drückten die angehäuften Schulden und Erbgelder den Gewinn. Hinzu kam die Instandhaltung der Mühle, die große Summen verschlang. Da half ihm ein Freund seines Vaters, Johann Nicol Ritter, der gegen eingetragene Sicherheit die Schulden übernahm. Da es nicht besser wurde, versuchte er sie schnellstens zu veräußern. Er verkaufte sie innerhalb drei Tagen gleich zweimal, 1. An den Müller Johann Georg Orlamünder aus Crispendorf und 2. An den Wirt Johann Georg Erhardt aus Kirschkau. Nach langem Streit vor dem Gericht des Deutschen Hauses trat der Kirschkauer Wirt zurück. Der Kaufpreis betrug 2720 Gulden. Orlamünder hatte sie im Auftrag der Christiane Schmidt, ihres unmündigen Sohnes Johann Christoph und der Tochter Christiane in der Müsermühle (Mösermühle) erworben. Er trat als Pächter ein, verpachtete die Landwirtschaft gleich wieder an Johann Nicol Enke. Zwangsweise musste der Oettler die Mühle räumen, in der alles heruntergekommen war. Geschrieben steht: „Das Mühlwerk ist dermalen total ruiniert und steht in seinem Antrieb“. Die Mühlsteine waren nicht mehr vorhanden, die Räder alle zerbrochen. Der einst große Grundbesitz war stark geschrumpft. Die Felder sind bis auf den Scheunenacker, der Acker in der Grün, das Äckerlein am Holz und das lange Äckerlein über dem Wiesenthale, nicht mehr im Besitz. Frau Schmidt setzte als Pächter Orlamünder ein, dieser verpflichtet sich, die Mahlmühle wieder instand zu setzen, wenn die Besitzerin das nötige Holz und Eisenwerk beisteuert sowie bei der Arbeit mithilft. Die ruinierte Ölmühle will Orlamünder selbst erneut in Gang bringen. Die Schneidemühle übernahm die Frau Schmidt mit allen Kosten.

Die Tochter Christiane heiratete Gottlob Christian Renatus Starke, der damit Mitbesitzer der Mühle und 1781 die Hälfte des Schwagers für 980 Taler erwarb. Die Mühle war jetzt voll instandgesetzt, wie es im Kaufvertag erwähnt wird. Die Hammer- und Kohlhütte werden wieder genannt. Nur 7 Jahre war die Mühle im Besitz von Christian Starke, 1788 verkaufte er die Mühle an seinen Bruder Johann David Heinrich Starke.

Er kaufte dafür die Obere Mühle in Mühltroff von Johanne Friederike Krahmer.

1796 wurde Johann Erdmann Kolb Besitzer der Beyersmühle, mit dem wieder Pächter der Landwirtschaft einzogen. Als solcher wird ein Johann Abraham Zschächner aus Möschlitz benannt. 1802 wurde sie wiederverkauft. Der Käufer war Johann Gottlieb Hadlich aus der Kesselmühle bei Greiz. Er kaufte sie für seinen jüngsten Sohn Friedrich Traugott Lebrecht Hadlich." Der Kaufpreis von 8800 Talern (und 200 Talern Gönnegeld) verteilte sich mit 5933 Talern auf die Mühle nebst Wohn- und Wirtschaftsgebäuden mit 67 Talern auf das amtslehnbare Stück Holz unter der Mühle, mit 500 Talern auf den Grünacker der Pfarre in Oschitz lehnbar war, mit 300 Talern auf den Spitzacker in der Grün, ein Stück Holz in der Winterleite, ein Äckerlein in der Unterleite, und ein dem Amt Burgk lehnbares Leitlein in der dürren Au und mit 2000 Talern auf das lebende und tote Inventar." 4300 Taler Schulden von Hofkommissar Georg Friedrich Timmich lagen noch auf der Mühle. Der neue Besitzer kam aus dieser Schuldenfalle nicht heraus, bis sie letztendlich Johann Christoph Barth aus Jüdewein erwarb. Der Kaufpreis betrug 10200 Taler + 240 Taler Gönnegeld. Der Käufer blieb aber mit der Bezahlung im Rückstand, so das Hadlich „Arrest auf sein Eigentum" legen ließ. Der Kaufpreisstreit ging über 8 Jahre hin und her.

Mühlgrabeneinlauf, daneben stand die Schneidemühle.
Foto: Jürgen Knoch

In der Folge kam das Jahr 1806 mit der Invasion Napoleons. Der Mühle brachte es preußische Einquartierungen von Pferden und Knechten. Jene gehörten zur in der Nähe der Mühle aufgestellten kurfürstlich-sächsischen Feldbäckerei. Die Mühle hatte dieselben Kriegslasten zu tragen wie ein ganzer Hof in Mönchgrün. Es wurde die gleiche Norm herangezogen. So forderte die Gemeinde Mönchgrün 1806/07 39 Taler 15 Groschen und 2 Pfennige, da die Soldaten wegen der Entlegenheit der Mühle im Dorf blieben. Die Summe gliedert sich folgendermaßen auf:

3 Taler	8 Gr.	6 Pfg.	für die Kgl. Preuß. Einquartierung
23 Taler	4 Gr.	3 Pfg.	für die erste franz. Einquartierung, bei der 18 Mann mit eben so viel Pferden auf die Mühle kamen
4 Taler	10 Gr.	10 Pfg.	für Erzherzogl. Darmstädtische-Dragoner-Einquartierung
2 Taler	16 Gr.	7 Pfg.	für die Kgl. Bayrische Infanterie
1 Taler			für die Lieferung an Letztere
5 Taler			Anteil an einem in das Schleizer Magazin gelieferten Ochsen

Unter solchen Belastungen und der immer noch nicht getilgten Schuld an Hofkommissar Timmich, musste die Mühle am 28. November 1810 wiederverkauft werden.

Johann Erhard Knoch aus Wüstendittersdorf erstand sie für 2424 Taler und verkaufte sie weiter zum gleichen Preis an Johann Wilhelm Koch von der Kesselmühle bei Auma. Dessen ältester Sohn Karl Friedrich August Koch setzte auch das Hammerwerk 1827 wieder in Betrieb und arbeitete hier bis 1835. Karl Friedrich August Koch pachtete die Lämmerschmiede (mit der Mitgift seiner Frau aus der Wolframsmühle Crispendorf) und Karl Heinrich Wilhelm Koch die Hammerschmiede der Beyersmühle weiterführte. 1868 zog Ersterer nach Ranspach bei Pausa um.

1842 war ein sehr trockenes Jahr, die Mühle musste manuell betrieben werden. Es wurde nur geschrotet. Der Hammer brannte vollständig ab.

1847 wurde das Mühlengebäude neu aufgebaut.

1853 wurde die Scheune quer zum Hof auf der Stelle des Gartens errichtet.

1854 Kauf eines Zylinderbeutels als erster an der Wisenta.

1855 Bau einer neuen Holzbrücke über die Wisenta.

1867 Neubau der Oelmühle.

1876 Wohnhaus Neubau, im gleichen Jahr wurde die Möschlitzer Kirche gebaut.

Über den Betrieb des Stabhammers der Beyersmühle sind genaue Unterlagen erhalten.

Jahr	Roheisen (Ztr.)	Stahl (Pfd.)	Alteisen (Ztr.)
1828	68,65	8,0	–
1829	–	13,875	23,02
1830	147,2	17,75	35,86
1831	–	6,75	12,155
1832	200	—	15,94
1833	300,08	15,00	35,34
1834	125,875	16,875	12,7

Das Roheisen wurde nach schweren oder Hochofenzentnern das geschmiedete Eisen nach leichten Zentnern (Nürnberger = 100 Pfd., Leipziger = 110 Pfd.) berechnet. Das Roheisen wurde in einer Spanne für den Zentner 2 Taler und 12 Gr. bis 2 Taler 20 Gr. gehandelt. Letzterer Preis ist von der Lämmerschmiede bei Ziegenrück, ebenso der Spaniershammer und der Neuhammer an der Saale. Stahl und Alteisen bezog die Beyersmühle von dem Eisenhändler Christian Gottfried Zörner in Schleiz, der 1815 gegen eine jährliche Abgabe von 1 ½ Louisdor die Konzession zum Großhandel mit Eisenwaren erhalten hatte, die auf Schmelzhütten und Hammerwerken gefertigt wurden.

Stahl kostete das Pfund 4 Gr. bis 4 Gr. 4 Pfg.

Alteisen kostete der Zentner 2 Taler

Bis 1830 wurde das fertige Stabeisen nach Waag = 30 Pfd. gerechnet.

Der Hauptabnehmer, vielleicht der einzige Abnehmer, war der Zörner in Schleiz.

Aufstellung der Lieferungen an den Großhandel Zörner:

Jahr	Zentner zu 100 Pfd.	Reichstaler	Groschen	Pfennige
1828	737,845	3689	2	6
1829	508,22	2497	16	1
1830	522,045	2599	–	8
1831	581,46	3086	20	2
1832	397,335	1489	6	9
1833	514,57	2909	19	9
1834	210,25	1189	5	7
1835	13,06	72	8	9
1836	79,585	582	9	8
1837	187,15	1221	19	8

Für die Jahre 1835–1837 fehlen die Mengen an Rohmaterialien, so schlussfolgerte Hänsel, das der Betrieb des Hammers 1834 eingestellt wurde, es wurde nur der Vorrat aufgebraucht.

Unter Bernhard Koch besaß die Mühle eine Getreide-, Schneide- und Ölmühle.

Die Familie Koch saß im Mannesstamme bis 1909 auf der Mühle. Ab da kam sie in den Besitz von Heinrich Franz Thoß und seiner Frau Louise Marta geb. Koch.

*Schlussstein **H F Thoß 1911** über der Wohnhaustür (von D. Leudolph). Foto: Jürgen Knoch*

1911 baute er die Schneidemühle dazu. Erst 1936 verschwand die Familie auch in weibliche Linie. Sie war 125 Jahre durchgehend auf der Beyersmühle. Ab 1936 übernahm der Bauer Walter Leudolph die Mühle. 1938 wurde der Wasserantrieb durch zwei Turbinen ersetzt. Es wurde nur noch geschrotet, aber mit Elektroenergie 110 V wurde die Quetsche, der Schrotgang und der Doppelwalzenstuhl angetrieben. Er hatte drei Kinder, zwei Söhne und eine Tochter. 2018 starb seine Tochter Erika Wetzel geb. Leudolph. Ihre Erben und ihr Bruder (†2021) mit Familie bewohnen die Immobilie. Linke Seite mit der alten Mühle Erben Wetzel, rechte Seite Dieter Leudolph mit Sohn und Enkeln. Der zweite Sohn lebt in Naumburg mit Familie.

Beyersmühle bei Mönchgrün am 26. Dezember 1944, US-Spionageflug mit der Bildflug-Nr. 194439 und Bild-Nr. 4072 © GDI-Th.

Beyersmühle bei Mönchgrün am 16.4.2019, Bildflug-Nr. 201911, Bild-Nr. 10016 © GDI-Th.

Mühlenbesitzer

Vor **1333**	**Burgold von Kospoth** auf Oschitz Pachtmüller könnte schon Barthel Hartmann gewesen sein, da er schon 1333 verstarb.
1333	Verleihung an das Deutsche Haus zu Schleiz,- Müller **Barthel Hartmann** (Tod 1333) vermutlich gleich nach dem Tod **1333** verleiht das Deutsche Haus zu Schleiz an **Nickel Peier** keine Jahreszahlen weiter
1333–	Nickel Peier
–	Sohn von Nickel Peier
1488–1554	Hans Peier
1554–1571	Wolf und Erhard Peier gemeinsam (Söhne)
1571–1593	Wolf Peier allein
1593–1596	Paul Schmidt, Sohn (genannt Peier)
1596–1611	Hans Beiermüller, Sohn (Schmidt)
1611–1642	Paul Schmidt, Sohn (genannt Peier)
1642–1648	Gläubiger, Erben des Handelsherren Georg Glauber
1648–1693	Witwe Ursula Schmidt (Ehefrau von Paul Schmidt) für ihre Söhne Hans und Nicol Schmidt- gemeinsames Handeln, da eine Hypothek auf der Mühle steht
1689	verkauft die Witwe des Hans Schmidt an Jakob Wolf ihre Hälfte
1693	verkauft die Witwe Eva, des Nicol Schmidt Frau, an ihren Schwiegersohn Martin Pilling
1693–1697	Martin Pilling
1697–1721	Martin Pilling, 1698 steig der Bruder von Martin Andreas Pilling mit ein, 1702 steigt Andreas wieder aus. Martins Pachtmüller waren Jakob Wolf – 1703 (Schwager), Georg Wilhelm Jakob bis 1721

1721–1723	Georg Heinrich Wolf (aus Raila)
1723–1725	Johann Heinrich Wolf
1725–1734	Johann Georg Wolf (Sohn), Pachtmüller Johann Sippel
1734–1762	Georg Oettler (aus der Stöckigtsmühle)
1762–1763	Goerg Oettler (Sohn)
1763–1781	Christiane Schmidt für ihre Kinder Johann Christoph und Christiane (Mösermühle)
1781–1788	Gottlob Christian Renatus Starke, er übernimmt die Hälfte der Mühle vom Schwager
1788–1796	Johann David Heinrich Starke (Bruder)
1796–1802	Johann Erdmann Kolb, setzte Pächter ein
1802–1805	Johann Gottlieb Hadlich (Kreditaufnahme bei Timmich)
1805–1806	Johann Christoph Barth (konnte den Kaufpreis nicht aufbringen)
1806–1810	Friedrich Traugott Lebrecht Hadlich
1810	Johann Erhard Knoch (Wüstendittersdorf)
1811–1837	Johann Wilhelm Koch
1837–1872	Heinrich Koch
1872–1909	Bernhard Koch unter Mithilfe seines Bruders Leonhard
1909–1936	Heinrich Franz Thoß (Schwiegersohn von Bernhard)
1936–1958	Landwirt und Kriegsveteran Walter Leudolph (hatte nur noch ein Bein), nur Landwirtschaft und gelegentliche Schneidearbeiten
1958–	heute Erbengemeinschaft Dieter und Erika Leudolph, verheiratete Wetzel und ihre Erben

Literatur: 57, 58, 59, 60, 61, 62

Dorfmühle in Möschlitz

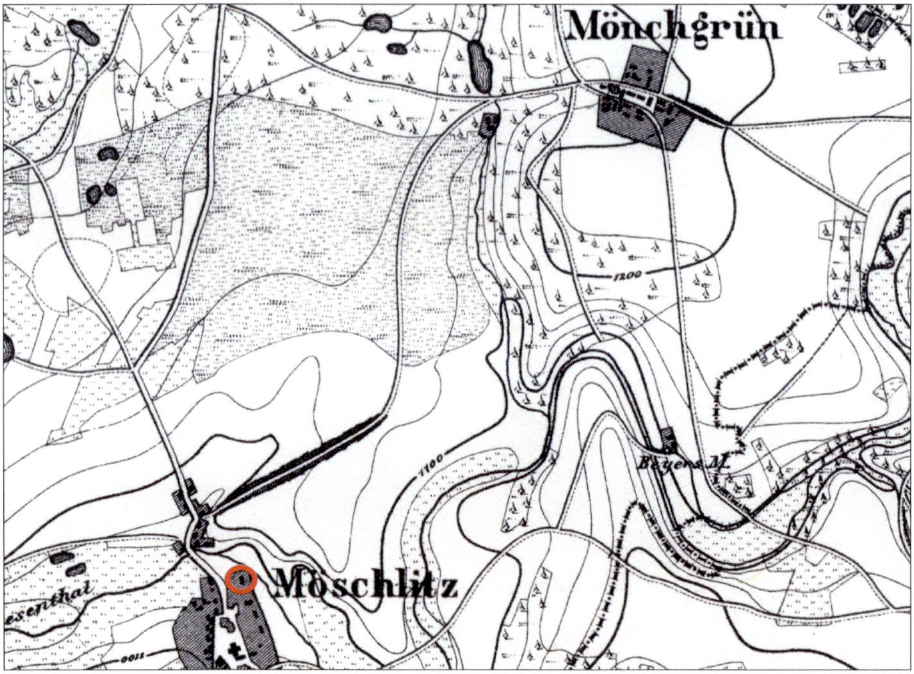

Standort der Dorfmühle. (Auszug) Karte Schleiz 3184, aufgenommen vom Kgl. General-Stabe im Jahr 1855; Herausgegeben vom Kgl. Ministerium für Handel 1873. Archiv Jürgen K. Klimpke

Älteste Erwähnung ist von 1498. Dort wird ein Streitfall behandelt zwischen dem Mühlenbesitzer Erhard Peier von der Beyersmühle und der Witwe Schlegel „in der Mühle in Möschlitz“ nach Dieter Hoffmann, der sich an Robert Hänsels Bericht hält.

Seit 1515 ist die Mühle im Besitz der Familie Schmidt bzw. deren Vorfahren aus der Beyersmühle stammen. Ursprünglich hieß die Familie auf der Beyersmühle Schmidt, so wie es üblich war, bekam die Familie den Namen der Mühle Peiher, Peier, Peher, Pehr, Behr so die Schreibweisen nach der Mundart in alten Akten nach Hänsel.

Zu Beginn nannte sich der Besitzer der Möschlitzer Mühle noch Peher, da er aus der Beyersmühle stammte. Ab Ende des 16. Jh. besann man sich auf den richtigen Namen Schmidt. 1590 wird ein Hans Schmidt, genannt Peier auf der Möschlitzer Mühle erwähnt.

Ab 1610 wird nur noch der Familienname Schmidt genannt.

Am 11. Juli 1590 reichten Hans Peher von der Möschlitzer Mühle gemeinsam mit dem Thomasmüller Peter Thomas und dem Beyersmüller Paul Pehr ein Schreiben an die Landesregierung ein. Sie baten darin um das Ziehen des Pörmitzteiches, wegen des zu dieser Zeit herrschenden Mahlwassermangels. Es wurde der kleine Zapfen leicht gezogen, um den Fischbestand nicht zu gefährden.

1596 wird erstmals eine Brettmühle genannt neben den üblichen Lasten wie Zinsen und Fronen, zusätzlich erschien die Fron des Brettschneidens.

1613 Georg Schmidt (verstarb kinderlos).

1613 Erhart Schmidt (†1645), am 10. Juli 1613 schlossen seine Brüder und Schwäger einen Erbvergleich, nachdem die Mühle Erhart für 1600 alte Schock Groschen bekam. Er betrieb die Mühle mit 3 Mahl- und einem Schneidegang bis 1621.

1621 Pachtete Heinrich dem anderen Reuß auf Burgk (Heinrich II.) und baute sie zu seiner Münze um, die bereits 1622/23 wieder geschlossen wurde. Er ließ durch das Wasserrad angetriebene Hammerwerk (mehrere Walz- und Druckwerke), die Weichmachkammer u. a. für das Münzen benötigte Prozesse. In der oberen Stube wurde die Wohnung des Münzmeisters und der Gesellen eingerichtet. Im Dorfe ist eine Schmelzhütte in dem Hause des Nickel Gitschmidt errichtet worden. Zu dieser Zeit waren 14–20 Personen dort beschäftigt. Die Mühle wurde danach wieder als Mühle betrieben.

1645–1656 Witwe des Erhart Schmidt, als Beständerin mit Genehmigung der amtierenden Landesherren. Aus Altersgründen erklärte sie der Landesregierung 1656 das sie die Mühle ihren Söhnen übertragen wolle, diese lehnten aber ab, da sie die vielen nötigen Reparaturkosten nicht stemmen könnten. Letztendlich einigten sie sich, da ein Verkauf der Mühle nun anstand, Christoph Schmidt bekam die Mühle in einem Vergleich.

Er führte sie von 1656 bis in das Jahr 1688. Ihm folgte 1688 bis 1710 Hans Christoph Schmidt.

In der Erbfolge folgte 1710–1753 Johann Christoph Schmidt, Seine erste Frau starb nach zehn Jahren Ehe, er hatte mit jeder Frau einen Sohn, Johann Gottlieb, der Jüngere übernahm die Mühle zum Preis von 3.000 Reichstalern und 100 Reichstalern zur Ausstattung seines älteren Bruders.

1753 Johann Gottlieb Schmidt. In der Belehnungsurkunde vom 16.10.1753 sind noch weiterer Besitz aufgezeichnet. Außer dem zur Mühle gehörigen Garten, freie Stücke:“, je ein Acker am grünen Weg, an der Winterleite und an der Schleizer Leite, eine Wiese im Culmitzsch, eine an der Saale beim Nesselwehr sowie eine Wiese das Brünnlein genannt“ Er übergab die Mühle 1791 seinem Sohn Johann Adolf für 3.000 Taler die Mühle behielt sich aber das Lehen vor. Sein Sohn erhielt es nach dem Tod des Vaters am 25.05.1809.

1791–1813 Johann Adolf Schmidt. „Er kaufte für 175 alte Schock Groschen an der Wisenta, die untere Oster genannt. Sie reichte bis an den Weg zur Hühnerleite. Einen weiteren Acker kaufte er für 100 Aßo am Crispendorfer Weg.“

1813–1857 Johann Gottlieb Schmidt. Er hatte Einquartierung von Franzosen zu ertragen. Sie hatten im strengen Winter Löcher in die Dielen gebrannt, dafür mussten sie Spießruten laufen.

1845–1887 unter den Müllern Johann Heinrich und Heinrich Adolf Schmidt beantragte der Apotheker A. Friedrich die Konzession, eine Apotheke in einem Mühlengebäude einzurichten. Er produzierte Holzkohle zur Produktion von „Candelae furmales“ (Räucherkerzen).

1857–1909 Heinrich Adolf Schmidt. Er ließ einen großen Stall bauen und richtete eine Schwarzmühle ein. Für 1886 ist bezeugt, dass die Mühle eine Getreide-, Schneide- und Lohmühle installiert hatte. Deren Erzeugnisse, bis in die 1870er Jahre, an die in Möschlitz entstandene erste Räucherkerzenfabrik Deutschlands geliefert wurden. Der Mahlstaub der Schwarzmühle stand im krassen Gegensatz zu normalen Mahlstaub, man sagte „die Arbeiter sahen aus wie Neger". Als 1887 der letzte Apotheker aufgab, wurde die Produktion nach Schleiz verlegt. Der Schleizer Apotheker Hermann Zwetz übernahm die Produktion und schuf ein Firmen- und ein Markenzeichen.

Nach Weggang der Räucherkerzenfabrik um 1946 nach Mohorn ins Erzgebirge wurde sie in eine Lohmühle umgebaut, die bis 1907 in Betrieb war. In

Firmenlogo

Markenlogo der Räucherkerzenproduktion in Schleiz, OTZ 19.07.1992 S.15

ihr wurden Rinden aus dem Burgkwald verarbeitet, die als Gerberlohe an die Gerbereien in Schleiz, Tanna und Neustadt an der Orla geliefert wurden.

1873 wandelte Heinrich Adolf Schmidt die auf der Mühle haftende Abgabe von 9 Schleizer Vierteln Korn (ca. 433 Liter) an den Stadtkirchner Schleiz in eine Geldabgabe von 14 Talern, 24 Silbergroschen und 4 Pfennige um und löste sie damit ab.

Die Mühle besaß zu dieser Zeit eine Getreide-, Schneide- und eine Lohmühle.

Jetzt kam 1909–1931 Gustav August Schmidt. Er begann die Mühle zeitgemäß zu verändern. Anstelle der Mahlgänge entstanden Walzenstühle und aus der Schneidemühle ein Sägewerk mit einem Gatter. 1912 errichtete er neben den alten Wasserrädern ein großes Wasserrad für den Schneid- und Schrotgang. In den folgenden Jahren modernisierte er weiter und errichtete ein neues Wohnhaus und ein neues Stallgebäude.

Die Erben des Gustav August Schmidt führten die Mühle weiter.

Die letzten Inhaber waren die Brüder Eugen Schmidt für die Getreidemühle und Edelfried Schmidt für die Schneidemühle und die Landwirtschaft.

1992 ließ Elisabeth Schmidt die Turbine einbauen.

Wohnhaus 2020. Foto: Jürgen Knoch

Der Mühlgraben vor der Mühle

Blick in den Hof. Fotos: Jürgen Knoch

Schneidemühle 2020

Mühlgrabenausgang in die Wisenta oberhalb der Brücke.
Fotos: Jürgen Knoch

Dorfmühle in Möschlitz am 26. Dezember 1944, US-Spionageflug mit der Bildflug-Nr. 194439 und Bild-Nr. 4074 © GDI-Th.

Der Sohn des Eugen Schmidt, Stefan Schmidt, hat sich für seine Turbine die Wasserrechte für 99 Jahre gesichert. Er speist ins öffentliche Netz ein.

Mühlenbesitzer der Dorfmühle

bis 1515	Schlegel
1515 Peher	oder Peiher vormals Schmidt
Bis 1563	Hans Peher der Ältere
1563–1566	die Witwe des Hans Peher, als Beständerin
1566–1610	Hans Peher (auch andere Schreibweisen wie Pieher, Peier, später nannte er sich wieder Schmidt)
1610–1613	Georg Schmidt (verstarb kinderlos)
1613–1645	Erhart Schmidt
1645–1656	Witwe des Erhard Schmidt, als genehmigte Beständerin
1656–1688	Christoph Schmidt
1688–1710	Hans Christoph Schmidt
1710–1753	Johann Christoph Schmidt
1753–1791	Johann Christoph Schmidt
1791–1813	Johann Adolf Schmidt
1813–1857	Johann Gottlieb Schmidt
1857–1909	Heinrich Adolf Schmidt
1909–1931	Gustav August Schmidt
1931–1933	Die Erben des Gustav Schmidt
1933–1951	Alfred Schmidt
1951–1992	Eugen Schmidt (Getreidemühle), Edelfried Schmidt (Schneidemühle und Landwirtschaft)
1992–1996	Elisabeth Schmidt – Turbineneinbau
Ab 1996	Stefan Schmidt nur noch Turbinenbetrieb (Stromerzeugung)

Literatur 76, 77, 78, 79, 80

Stöckigtsmühle Grochwitz

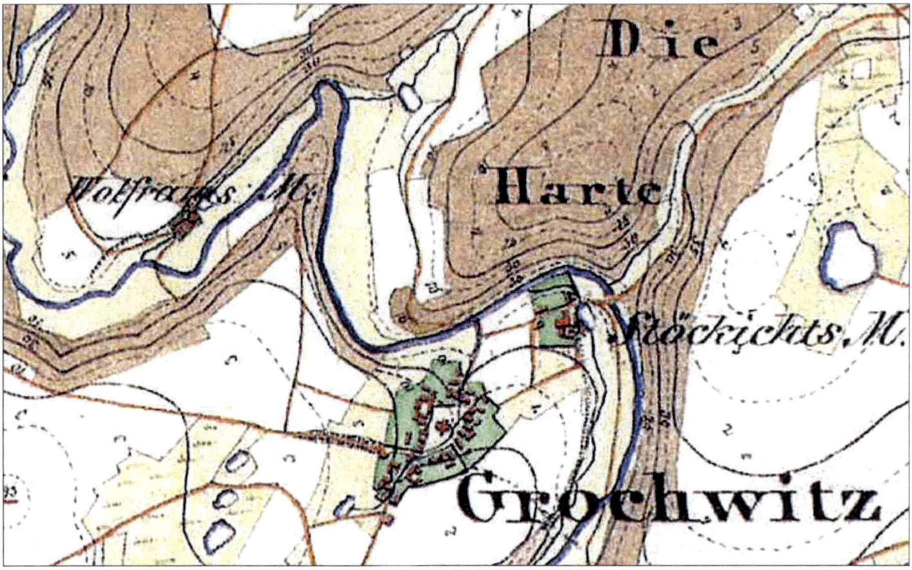

Kartenausschnitt Stöckigtsmühle 1855. Karte Schleiz Nr. 3184, aufgenommen und gezeichnet von von Tschirschky und von Bögendorff, Pr.Lit im 23. Inf. Rgt.

Unterhalb von Grochwitz liegt an der Wisenta die Grochwitzer- oder Stöckigtsmühle. Ihr Name ist dem ersten erwähnten Mühlenbesitzer Friedrich Stögkig oder Stöckel aus dem Jahre 1514.

1515 bat er den Lehnsherren um 3 Bauern für den Wehrbau. 2 Jahre später ist belegt, das er im Gefängnis saß, da er seinen Herrn in

Heutige Hauptansicht des Komplexes. Foto: Jürgen Knoch

Möschlitz anschwärzt, er wolle ihn aus der Mühle haben. Wegen der Bürgschaft von 2 Möschlitzern, 2 Grochwitzern und 1 Görkwitzer Einwohner, die für ihn aussagten, kam er aus dem Gefängnis. Die Mühle war Lehn des Deutschen Hauses in Schleiz. Der Lehnsherr hatte das Erbgericht inne. Die Obergerichte, die Steuer, Bede (eine erbetene freiwillige Abgabe an den Grundherren), und Folge standen aber den Landesherren zu. 1551 übernahm sie Georg Stöckig. Danach ist nichts mehr über diese Familie bemerkt. Im Teilungsvertrag von 1596 wird Matthes Möser als Besitzer genannt. Er verkaufte sie am 06. Mai 1598 an Heinrich II. Reuß zu Burgk. In den Verkauf sind eingeschlossen „alle Ein- und Zugehörung an Beuteln, Pillen, Brecheisen, Sieben, einen Schleifstein zum Schleifwerk, einen Metz- und Taubenkasten, Aufschüttkübel, Metzen, Kleienfass, die Schneidemühle mit Sägen und allem, was dazu gehört, genietet und genagelt ist". Ab diesem Zeitpunkt war sie eine Zwangsmühle. So war die Mühle nun herrschaftlicher Besitz, Matthes Möser blieb der Pachtmüller. Heinrich II. Reuß verkaufte noch im gleichen Jahr einige Grundstücke, eine „Baustatt" neben der Mühle, die Scheune und den alten Stall an Michael Jüngling, da er sie nicht benötigte.

Am 11. Oktober 1600 wurde Peter Steinhäuser aus Oschitz als Müller eingesetzt. Nach seiner erhaltenen Bestallung (Pachtvertrag) erhielt er den 3. Teil der Metze, er musste drei Schweine mästen, von denen sich die Herrschaft die besten zwei aussuchen durfte. Bei größeren Reparaturen am Grundwerk und Wehr „sah er sich genötiget die Steine für das Wehr selbst zu holen und brechen". Bei Anschaffung von Beuteln und Tüchern, hatte er nur 1/3 zu tragen. Die Kosten für neue Mahlsteine trug die Herrschaft, während der Müller für die Instandhaltung der Schneidemühle alle Kosten selbst tragen musste. Er und sein Geselle durften keinerlei Geschenke von den Mahlgästen annehmen. Sie hatten sie zuvorkommend zu behandeln, besonders die armen Leute, die nur mit kleinen Mengen kamen. Das Getreide zur Hofhaltung auf Burgk wurde zu 2/3 in der Stöckigtsmühle und 1/3 in der Wolframsmühle Crispendorf gemahlen. Dafür durfte er keine Metze nehmen und von jedem Scheffel Getreide 5 Viertel Mehl aber das gehäufte Maß liefern.

Das Fischwasser der Wisenta gehörte nach Grochwitz bis zur Mündung in die Saale, dem Rittergut Crispendorf, die Mühlgräben der jeweiligen Mühlen ausgeschlossen.

Von dem Holz, das die Herrschaft zur Verarbeitung lieferte, durfte er den 6. Teil der Schwarten als Lohn behalten. Von dem anderen Holz bekam er die Hälfte der Schwarten und den Schneidelohn. Zur Beleuchtung durfte er keine Schleißen (feine Holzspäne), sondern musste

Öllichter benutzen, dafür erhielt er jährlich 5 Gulden. Ohne Wissen der Herrschaft durfte er nicht über Nacht fernbleiben. Er durfte eine Kuh und 4 Hühner zu halten. Dazu lieferte ihm die Herrschaft je einen Schock Gersten- und Roggenstroh, ½ Schock Haferstroh und ein Fuder Heu und Grummet und die dazugehörige Gräserei (Grasbestand eines Anwesens bedeutet, dass er das Haus bewohnen und also auch den Graswuchs und das Obst benutzen könne) und zwei Gemüsebeete. Er musste sich einen Mühlknecht halten und 50 Gulden Kaution bezahlen. Peter Steinhäuser kann nur wenige Jahre herrschaftlicher Müller gewesen sein, denn 1606 verkaufte Heinrich II. „der Lange“ Reuß Burgk an „seinen Müller Matthes Möser in der Grochwitzer Mühle den Teich an der Mühle für 50 Gulden“. Möser wird 1611 und 1613 als Müller genannt. (Heinrich II. „der Lange“ Reuß Plauen (gest. 1608), Herr von Greiz, Herr von Untergreiz (1572–1596), Herr zu Burgk (1596–1608), Herr zu Kranichfeld (1572–1586), Herr zu Lobenstein (1577–1585),seit 1590 Heinrich II. Reuß zu Gera ist im Mitbesitz der Herrschaft Schleiz, Burgk und Saalburg, in der Schleizer Teilung von 1596, die Herrschaft Burgk allein). Heinrich III., Bruder von Heinrich II. Reuß (Regierungszeit, 1608–1639), übte die Alleinherrschaft seit 1611 über die Ämter seiner Brüder aus. Zur gleichen Zeit tauchen mehrere Heinrich der II. auf.

Nach dem Tod von Heinrich II. des Langen (1608) wurde die Selbstbewirtschaftung der Stöckigtsmühle aufgegeben, sie wurde zu einer jährlichen Pachtsumme von 200 Gulden und der Mast von 3 Schweinen 1619 an Nicol Thomas aus Schleiz für 3 Jahre zur Bewirtschaftung übergeben. Am 25. August 1620 ging die Lehnsherrschaft über die Stöckigtsmühle an die Herrschaft Burgk. Zur Zeit des 30-jährigen Krieges duldete man die Nichtbeachtung des Zwanges. 1621 trat dann wieder Matthes Möser in Grochwitz in die Pacht ein. 1628 übernahm der Wolframsmüller aus Crispendorf Michel Könitzer die Nachfolgerschaft. Dessen Nachfolger ist nicht bekannt. 1633 pachtete Adam Schmauster aus Pörmitz die Mühle. Jedoch 1633 erneuerte man das Zwangsmahlrecht der Herrschaft. Frongüter wurden mit 10 und Kleinhäusler mit 5 Gulden bestraft. Dies wurde 1642 erneuert.

Nach dem Tode von Heinrich II. Reuß Plauen (Regierungszeit, 1608–1639), Herr zu Burgk 1639, übernahm seine Gattin Magdalena geb. Freiin zu Putbus die Mühle. Als Lasten lagen zu dieser Zeit 2 Groschen auf der Mühle, 1 Pf. Erbzins, 1 Groschen Fron-Geld und 1 ¼ Zollhafer. Der 30-jährige Krieg brachte der Mühle Einquartierungen, Plünderungen, Kontributionen und Drangsale. Noch ein Jahr vor dem Westfälischen Frieden hatte die Mühle wieder Soldateska zu ertragen.

Am 13. Dezember 1647 brachen 5 Räuber in die Mühle ein. Sie schlachteten das Schwein, nahmen dem Müller die Kleidung ab. Jene zogen mit dem Schwein und 4 Scheffel Getreide davon. 1649 wird berichtet, dass die Fischwasser an der Grochwitzer Mühle zum Rittergut Crispendorf gehören, beginnend vor dem Mühlenwehr bis an die Einmündung des Dörflaßer Bären Bächleins. 1665 wurde der Mahlzwang wieder erneuert, es gab Eingaben von Bauern hierzu.

Wasserzulauf in die Mühle. Foto: Jürgen Knoch

Magdalena Reuß starb 1665. Die Mühle ging an ihre Tochter Elisabeth Sybille, Gattin von Heinrich II. von Reuß zu Untergreiz, die sie im selben Jahr an ihre Schwester Sophia Maria von Schönburg für 1000 Gulden verpfändete. In diesem Jahr war Matthes Jahn der Pachtmüller, dieser wird auch 1669 als solcher angegeben. Am 5. Februar 1701 verkauft Elisabeth Sybille Reuß die Mühle an die Brüder Jobst, Hans und Andreas Riedel von der Riedelsmühle „mit all dazu gehörigen Gebäuden, als Wohn- und Mühlhaus, Schneidemühle, Vieh-, Ochsen- und Schweineställen, Fischhaus und Backofen nebst dem Garten und Krautacker, Wasser, Wehr und Mühlgraben, dessen Fischerei und den auf beiden Seiten stehenden Erlen allems, was mauer-, niet- und nagelfest, mit allen Privilegien, Freiheiten, Rechten und Gerechtigkeiten" für 1800 Gulden. Auch die neuen Besitzer betrieben die Mühle wieder durch Pachtmüller, seit 1699 mit Hans Nikol Morhardt genannt wird. Die

Brüder Hans und Jobst Riedel verkauften ihren Anteil an der Mühle an Johann Heinrich Hedler in Möschlitz, der 1713 erscheint und von seinem „Pachtmüller" in der Stöckigsmühle spricht. 1749 verpachtet Andreas Riedel seinen Anteil an Johann David Heinrich Hedler von Walsburg, einem Sohn des vorigen, für jährlich 92 Reichtaler, 12 Groschen. Dieser Pachtvertrag ist im Original erhalten. Er beinhaltet in 15 Paragrafen alles Wichtige. Die Mühle hatte 4 Mahlgänge und einen Schneidegang, „die sich auf gutem Fuß und im guten Stand befinden" Nach Ablauf der Pachtzeit, (Laufzeit 1749–1753), ging die Mühle ganz in den Besitz von Hedler (Jun.) über. Am 8. Februar 1754 führte Johann Paul, Müller und Schultheis eine Prüfung des Scheffels durch und stellte in der Folge ein um ¼ größeres Scheffelmaß fest, was heißt, er rechnete den Bauern weniger an. Er bat um Gnade und um Erlass der Strafe garantierte die sofortige Einstellung des Betruges. Kein Wunder, es gab im Fürstentum Reuß verschiedene Scheffelmaße. In dessen Familie sie bis 1803 blieb. David Heinrich Hedler baute 1785 ein neues Mühlgerüst. Auch sonst nahm er am Gebäude bauliche Veränderungen vor, woran noch ein Stein neben dem Tor mit folgender Inschrift erinnert: „1795 David Heinrich Hedler" (die Jahreszahl steht über dem Namen).

Er starb 1803. Auf dem Kirchhof von Möschlitz befand sich sein Grabdenkmal mit folgender Inschrift:

Rest des Steins, hinter dem Toreingang. Foto: Jürgen Knoch

„Hier im Grabe ruhen an diesem Denkmal ein paar christliche Eheleute nehmlich weil H. David Heinrich Hedler, Mühlenmeister und Eigenthumsbesitzer der Stöckigsmühle, ward allhier in Möschlitz geboren, den 10. Januar 1729 und weil. Frau Christina Dorothe Hedlerin geb. Frantzin aus der Pöllwitzer Mühle, ward allda geboren, den 20. Juni 1728 verheiratete sich 1752 und erzeugte in ihrem vergnügten Eheleben 4 Kinder waren 2 gestorben, von den verheirateten 2 Töchtern erlebte sie 6 Enkel, sie starb sel. d. 6. October 1799 und brachte ihr Alter auf 70 Jahre 9 Monate , er ging sel. zu Gott den 8. October 1803 seines Alters 74 Jahre 8 Monate." Nach Recherchen in Möschlitz verschwand der Stein in 60-er Jahren des vergangenen Jahrhunderts und wurde bei der Kirchenmauer Reparatur mit verbaut.

Im 19. Jahrhundert wechselten die Besitzer der Mühle häufiger. Am längsten saß die Familie des Christian Gottlob Dietzel auf ihr, dessen Sohn und Erbe gleichen Namens starb 1833. Seine Witwe Christliebe Adelaide geb. Schmeißer führte die Mühle als Beständerin, zum Teil durch Pachtmüller bis zu ihrem Tode im Jahre 1861 weiter, sie war eine sehr energische Frau und wusste besonders das Bannrecht für die einzelnen Dörfer kräftig zu verteidigen. Christian Gottlob Dietzel nahm größere Bauarbeiten vor wie der Schlussstein an der Schneidemühle. (D 1817) Ebenso erinnert ein Stein am massiven Stallgebäude mit der Inschrift:

F. Geilsdorf

1864

daran, dass auch der Nachfolger Dietzels größere Bauarbeiten ausführen ließ. Er erneuerte auch das Mühlenwerk und stellte die Mühlarbeit in der Hauptsache auf die neu eingerichtete Lohmühle ein. Die Rinden aus dem Burgwald wurde zu Lohe verarbeitet, die reißenden Absatz in der Gerberei in Neustadt an der Orla, Hirschberg, Tanna und anderen Orten fand.

Erinnerungsstein am Stallgebäude

Auch der Nachfolger Geilsdorfs Christian Heinrich Hendel (Händel) aus der Wolframsmühle, der die Stöckigtsmühle 1879 erwarb, führte in der Hauptsache diesen Betrieb fort. Die Mahlmühle wurde vernachlässigt und als das Rinden- und Lohgeschäft nachließ, verkauft Hendel die Mühle an den Ausschlächter Heinrich Melle von Paska bei Ziegenrück.

Der Verkauf der zur Mühle gehörigen Grundstücke setzte ein, und das letzte Stündlein der stark heruntergewirtschafteten und vernachlässigten Mühle schien geschlagen zu haben.

Der Mühlgraben vor der Mühle.
Fotos: Jürgen Knoch

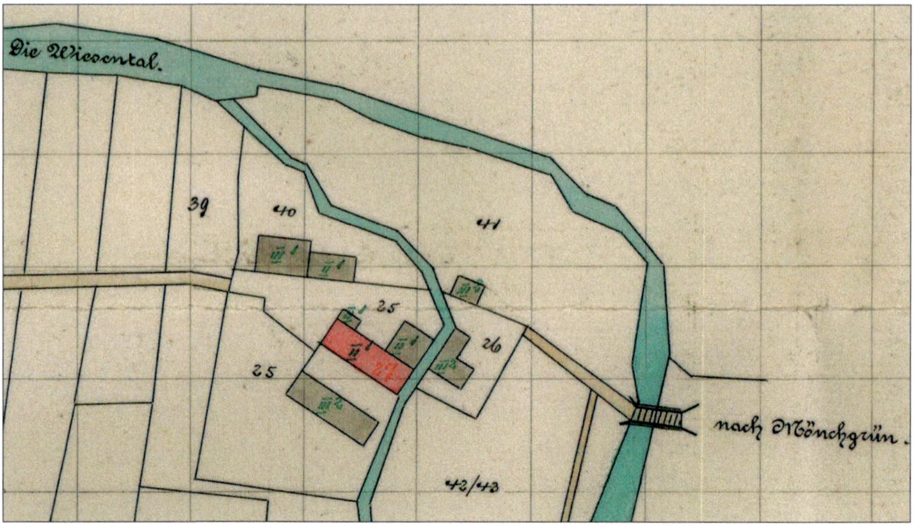

Gebäudekarte der Stöckigtsmühle Grochwitz von 1906.
Sammlung Michael Enterlein

Stöckigtsmühle Grochwitz am 21.6.1953, Sowjetischer Bildflug mit Bildflug-Nr. 195320, Bild-Nr. 10022 © GDI-Th.

Stöckigtsmühle am 16.4.2019, Bildflug-Nr. 201911, Bild 1224 © GDI-Th.

Karl Ritter 1921

Da erwarb am 27. Februar 1913 Karl Ritter aus Möschlitz das Rest Gut, und damit sollte ein neues Leben und eine neue Aufwärtsbewegung der Mühle beginnen.

Hiervon zeugt ein Gedenkstein am Gebäude mit der Inschrift „Karl Ritter 1921“

Zunächst bewirtschaftetet er von Möschlitz aus nur den landwirtschaftlichen Besitz, während die Mahl- und Schneidemühle bis auf wenig Schroten ruhte. Sein Sohn Alfred erlernte die Müllerei und er sollte einst nach Instandsetzung der Mühle hier seine Lebensarbeit finden. Da brach der 1. Weltkrieg aus, und Alfred Ritter war von 1916 bis 1919 im Osten und Westen im Dienst des Vaterlandes an der Front.

Nachdem er gesund zurückgekommen war, begann 1919 trotz der Nachkriegs Wehen, der Aus- und Umbau der Mühle durch Vater und Sohn gemeinsam. Die erste Arbeit galt dem Ausbau der Wasserkraft durch Erneuerung des Wehres, Herstellung des Wasserbettes und Einbau einer Franzis-Turbine. Dann ging es an die Wiederherstellung der Schneidemühle. Dadurch war es möglich, das gesamte Bauholz für den Neubau der Mahlmühle und des Wohnhauses selbst zu schneiden, die in der schärfsten Inflationszeit 1921–1923 fertiggestellt wurde. So erstand die Mühle in ihrer heutigen Gestalt in glücklicher Verbindung des Wohnhauses mit Mahl- und Schneidemühle, Erstere umfasst die Reinigungsanlage, einen Schrotgang und zwei Walzenstühle, Letztere ein Vollgatter eine Besäume Kreissäge und eine Hobelmaschine.

Alfred Ritter 1938.
Fotos: Jürgen Knoch

Zwei Gedenksteine halten die Erinnerung an diese letzte Bauperiode wach, an der Wasserseite des Wohngebäudes.

Alfred Ritter baut sich einen 18 PS Dieselmotor ein, da die Wasserkraft nicht mehr genug Leistung brachte.

Der einzige Sohn und Erbe Reinhold Ritter folgte dem Beruf des Vaters. Der Zweite Weltkrieg rief ihn zum Dienst mit der Waffe an die Westfront, wo er in französische Gefangenschaft geriet. Lange Monate bangten die Eltern, da keinerlei Nachricht von ihm einging und alle Nachforschungen ergebnislos verliefen. Endlich Anfang Januar 1946 traf ein Lebenszeichen von ihm aus der französischen Gefangenschaft ein. Zu Weihnachten traf er endlich zu Hause ein.

Tafel Reinhold Ritter. Foto: Jürgen Knoch

Er übernahm 1956 die Mühle von seinem Vater. Das Getreidemahlen beschränkte sich auf Auftragsarbeiten. Die Schneidemühle wurde verbessert und elektrifiziert und wurde der Haupterwerbszweig. Das heute modernisierte Sägewerk wird von seinem Schwiegersohn weiterbetrieben.

Mühlenbesitzer Stöckigtsmühle Grochwitz

1514–1596	Friedrich Stögkig
1596–1598	Matthes Möser
1598–1608	Heinrich II. Reuß Burgk
1608–1639	Heinrich II. der Lange Reuß Plauen
1639–1665	Beständerin Magdalene Reuß Plauen (Witwe)
1665–1701	Elisabeth Sybille Reuß Untergreiz
1701–1753	Gebrüder Jobst, Hans und Andreas Riedel
1753–1803	Brüder Jobst und Hans verkaufen an Johann Heinrich Hedler (2/3), Andreas Riedel (1/3)
1790–1803	Andreas Riedel verkauft an Hedler Junior
1803–1833	Christian Gottlob Dietzel und Sohn gleichen Namens
1833–1861	Beständerin, Witwe Christliebe Adelaide Dietzel (mit Pachtmüllern)
1861–1879	F. Geilsdorf
1879–ca. 1905	Christian Heinrich Hendel (Lohmühle) mit erliegen des Lohgeschäfts
1905–1913	Heinrich Melle
1913–1935	Karl Ritter
1935–1956	Alfred Ritter
1956–1991	Reinhold Ritter
1991–2020	Gerd Keller (nur Sägewerk)
2021–	Heinrich Keller

Literatur: 63, 64, 65, 66, 67

Wolframs Mühle Crispendorf

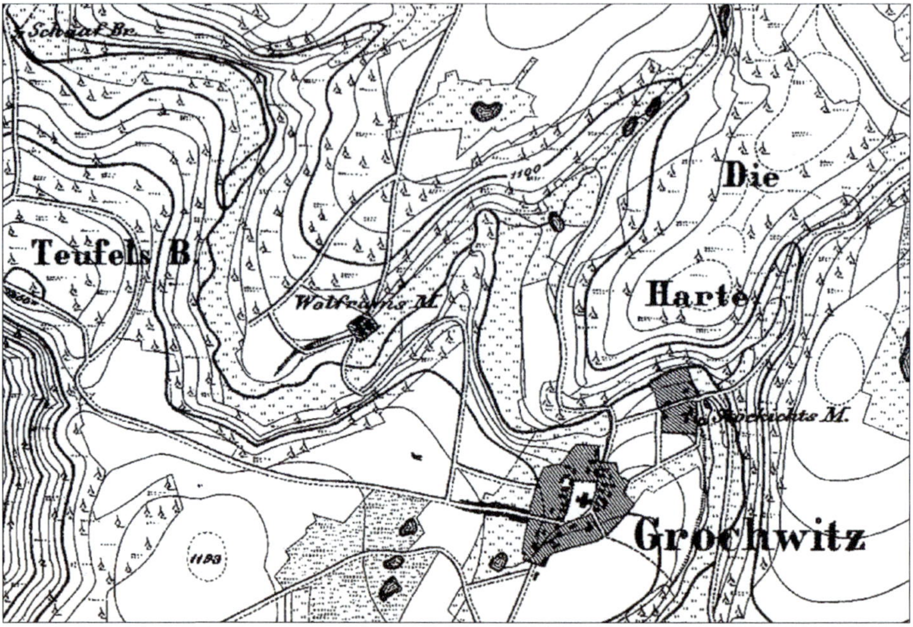

Standort der Wolframs Mühle 1873. (Auszug) Karte Schleiz 3184, aufgenommen vom Kgl. General-Stabe im Jahr 1855; Herausgegeben vom Kgl. Ministerium für Handel 1873. Archiv Jürgen K. Klimpke

Die Wolframsmühle lag ca. 1,5 km, im heutigen Wisenta-Stausee verschwunden (auf der Crispendorfer Wisenta Seite), von Grochwitz entfernt. In einem Erbzinsregister des Rittergutes Crispendorf von 1597, für den Lehnsherren Abraham von Watzdorf, Sohn von Heinrich Balthasar von Watzdorf, heißtes: „Hanß Kolb (Matz Möser), der Müller in der Crispendorfer Mühle zinßet 1 fl. Walpurgis, 14 Gr. 4 Pfg. Michaelis oder muß zwei Schock Brett schneiden,…. Item den Ahl fangk vff den Ehrisch die Helfte,…. 2 Fastnachtshühner von einem unter dem Ernbergk, welchen er von Thomas Öhim sel. Kinder Vormunden als Niclas Reißing und Jobst Öhim Ao. 70 um 18 ½ Schock erkauft, 1 Gr. vom Deich zu Walpurgis und 1 Gr. zu Michaelis. 2 Gr. wegen Adam Wegners Gelänge, ½ Henne von dem Fischwasser in der Wisenta. Item tut die Flickfron auf dem Rittergut, ist aber nichts neues zu bauen schuldig, alles nach besage seines Lehnsbriefes."

Die Wolframs Mühle und die Stöckigtsmühle (ab 1620) waren Zwangsmühlen: zu 1/3 zu 2/3 für die Herrschaft Burgk.

Die Mühle besaß demnach bereits einen Mahl- und Schneidgang. 1597 kaufte Heinrich II. das Rittergut Crispendorf, als Kammergut bis 1608. Der Name Matz Möser (Matthes Möser) wurde nachträglich eingesetzt und benennt einen späteren Besitzer von 1692. Er kam von der Stöckigtsmühle in Grochwitz. Eine alte Flurbezeichnung „im Mühlweg" ist dort ebenfalls schon verzeichnet. 1628 wird ein Michel Könitzer von der Wolframs Mühle genannt, der die Stöckigtsmühle pachtete. Zur damaligen Zeit war die Pachtzeit auf drei Jahre begrenzt (siehe Stöckigtsmühle). 1744 besaß die Mühlstube einen Gusseisernen Ofen mit dieser Jahreszahl. Achim Weidhaas schrieb darüber in der OTZ:" Es war ein altes Gebäu; aber schön war's, wenn man im Winter nach der Mühle gefahren kam und konnte sich, ehe man sein Schrot auflud, nochmal in der gemütlichen Holzstube erwärmen; sie hatte auch noch so einen alten Laubengang nach dem Seiten-Gebäude, wie man sie früher öfter sah."

Am 17.03.1765 kauft der Bergmeister Johann Christian Rudolph aus Schleiz das Rittergut Crispendorf. Am 17.03.1769 wird er erneut damit belehnt.

1769 taucht im Erbzinsregister der Müller Hannß George Orlamünder auf. H. Hüllemann schreibt: „Hannß George Orlamünder, der Müller entrichtet an Erbzinnßen zu Walpurgis: 1 fl.(Gulden) vom Hause, 5 fl.: wegen des Zwangs-Mahlens und der Schweinemastung, 1 Gr. von einem Teiche, ferner zu Michaelis: 5 fl.: vom Zwangsmahlen und der Schweinemastung 1 Gr. von einem Teich, 1 Gr.: von einer Wiese am Erlebergk, weiteres zu Weyhnachten, 2 Gr.: für einen Weyhnachtsstollen, 6 alte Hühner von der Mühle, zwei dergleichen vom Acker am Erlebergk, zur Fastnacht, 3 Scheffel Korn zu Saamen von der Mühle, 2 Viertel: Korn, von einem, vonn Hannß Michael Rombergern, wiederverkäuflich erkaufften Acker, muß zwei Schock Bretter ohnentgeltlich schneiden, oder gibt dafür 14 Gr. 4 Pf.; Muß auch ohne Metzen für die Lehnsherrschaft und das Vorwergcks-Gesinde mahlen."

Am 18.12.1770 stirbt Johann Christian Rudolph seine beiden Töchter treten als Erben auf. Die jüngste Wilhelmine heiratet den Hofpfalzgraf Dr. jur. August Heinrich Theodor von Geldern, der in der Folge als Geschäftsführender für beide Schwestern auftritt.

Über eine Änderung der Erbzinsen ist nichts hinterlegt.

18.04.1777 erscheint Johann Georg Orlamünder als Mühlenbesitzer

Um 1800 war dann Nicol Orlamünder auf der Mühle. Dieser verstarb 1817. Seine Tochter Hanne übernahm die Mühle gemeinsam mit Hein-

Wolframs Mühle. Archiv Willfried Gruner, Crispendorf

rich Christian Hendel. Der Name Hendel blieb bis 1905 auf der Mühle, seine älteste Tochter übernahm die Mühle mit ihrem Mann Moritz Manger aus Külmla. Karl Hendel verkaufte besagten Ofen nach Schloss Burgk und einen Bauernschrank mit der Aufschrift „Simon Farnbach 1750" nach Eßbach. Manger führte die Mühle noch bis 1919. Er verkaufte schließlich an die Carl-Zeiß-Stiftung, die die Mühle wegen des zukünftigen Stausees abreißen ließ.

Zeichnung von Achim Weidhaas

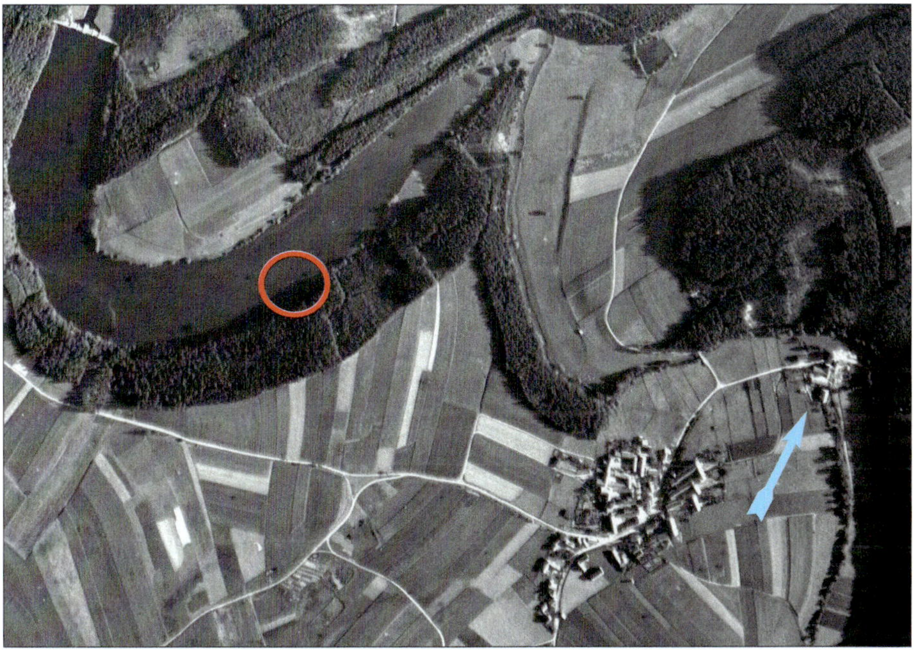

Ehemaliger Standort der Wolframs Mühle (Kreis) und rechts die Stöckigtsmühle Grochwitzam (Pfeil) 21.6.1953, Sowjetischer Bildflug mit Nr. 195320, Bild-Nr. 10022 © GDI-Th.

Talsperre Wisenta, mit Grochwitz und unten die Stöckigtsmühleam am 16.4.2019, Bildflug-Nr. 201911, Bild 1224 © GDI-Th.

Mühlenbesitzer bzw. Müller

Die Mühlenbesitzer waren in der Frühzeit immer die Besitzer des Rittergutes Crispendorf die Herren von Watzdorf

Vor 1597	Abraham von Watzdorf – *Müller*: Hans Kolb
1597–1608	Heinrich II. Reuß Burgk (Tod) *Müller*: Matthes Möser, parallel hatte er auch die Pacht auf die Stöckigtsmühle
1608–1638	Gräfin Anna geb. von Mansfeld (Tod) *Müller*: Michael Könitzer 1628
1638	ihr Stiefsohn Heinrich II. Tod 1639 Gräfin Magdalena geb. Freiin von Putbus Tod 1665
1665–1703	Tochter Gräfin Elisabeth Sybille von Reuß Untergreiz und Burgk (Frau des Heinrich II.)
1703–1708	Tochter Eva Emilie von Reuß Untergreiz
1708–1733	(Tod) Heinrich XIII. von Reuß Untergreiz
1733–1765	sein Sohn Heinrich III. von Reuß Untergreiz und Burgk
1765–1770	Bergmeister Christian Rudolph aus Schleiz *Müller*: Hanns George Orlamünder
1770	stirbt Rudolph die beiden Töchter Henriette Christiane (kinderlos) und Wilhelmina Johanna erbt, Schwiegersohn Dr. jur. August Heinrich Theodor Geldern übernimmt die Geschäftstätigkeit für das Rittergut (ab 1788) bis 1824
1723–1751	Johann Adam Orlamünder, übernimmt nach der Hochzeit 1751 die Saalburger Herrenmühle
1751–1798	Müller: Johann Georg Orlamünder, Sohn aus erster Ehe
um 1798–1817 (Tod)	Müller: Nicol Orlamünder, Sohn
1817–1818	Müller: Hanne Orlamünder als Beständerin, nach der Trauerzeit heiratet sie 1818 wieder Heinrich Christian Hendel, bei ihm müsste der Verkauf der Wolframs Mühle vonstatten gegangen sein nach 1824
1818–1905	Heinrich Christian Hendel und Familie
1824–1875	August Geldern mit seinen vier Schwestern 1825 belehnten die Schwestern, nach gerichtlicher Anordnung, an ihren Bruder August, 1846 geadelt jetzt „von Geldern"
1875–1894	sein Sohn Bruno von Geldern; Rittergut Crispendorf
1894–1938	Maximilian von Geldern, Rittergut als solches 1926 aufgelöst
Bis 1905	*Müller*: im Besitz der Familie Hendel
1905–1919	*Müller*: Tochter mit ihrem Mann Moritz Manger aus Külmla
1919	Verkauf an die Zeiss Stiftung und Abriss der Mühle, da sie im Stausee der Wisentatalsperre versank

Literatur: 68, 69, 71

Baumgarten-Mühle, später Pulvermühle Dörflas

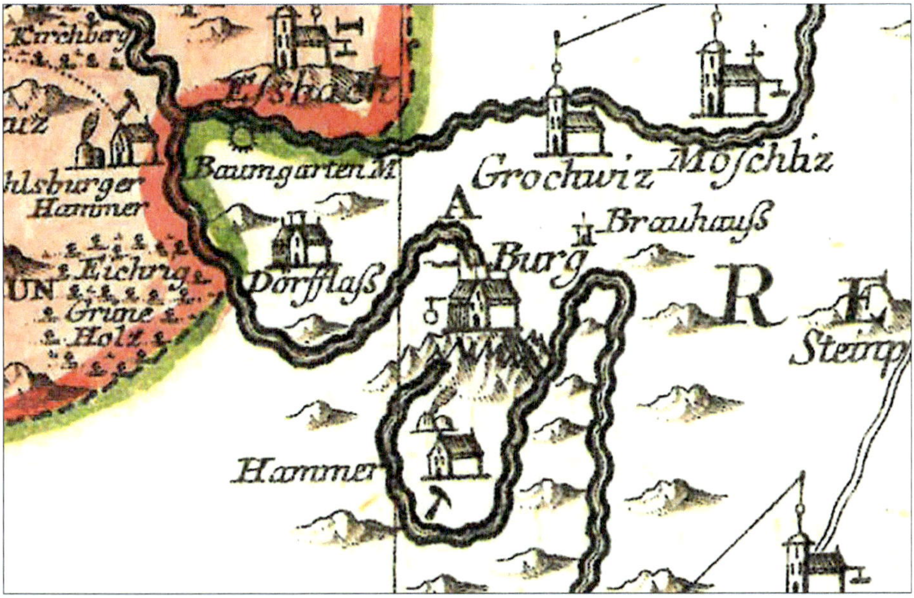

Kartenausschnitt „Reussisches Vogtland – Vogtlandkarte 1757" von Georg Friderich Lotter.

Sie lag ca. 1 km nördlich der Brettmühle Walsburg.
In den Akten nichts gefunden über die Baumgarten Mühle, damit ist dies die erste Erwähnung 1757. Diese muss vor 1805 wüst gewesen sein. Die Pulvermühle hat das Alte Wehr wieder genutzt, da dieses Wehr zum Dörflaser Rittergut gehörte.
Johann Heinrich Wittich, Rittergutsbesitzer des Gutes Dörflas stellte 1805 einen Bauantrag zur Errichtung und Betreibung einer Pulvermühle an der Wisenta auf seiner Flur. Dieser Antrag wurde von Heinrich XIII. von Reuß Burgk am 14. März 1805 genehmigt. Das Konzessionsgeld betrug 12 Rtl. (Reichstaler) und eine jährliche Abgabe von 10 Rtl. ist zu entrichten.
Der Standort befand sich unterhalb der Wolframs Mühle. Auf Gesuch von Wittich wurde die jährliche Abgabe auf 8 Rtl. reduziert. Wittich gab an, dass der Eisgang im Winter 1805/1806 das Wehr stark beschädigte. Das war auch der Grund der Reduzierung durch den Grafen.
1806 ist bekannt, dass der Händler, Ludwig Siegmund Große, Wittich verklagte, der 1 Tonne Schwefel bestellt und 3 Zentner zu 38 Rtl. wurden am 22.09.1805 angeliefert, die er nicht bezahlte. Der Salpetersieder

Johann Samuel Listner aus Mühltroff verstarb während des Prozesses, der sich bis 1808 hinzog und schließlich zur Zahlung von 25 Rtl. an die Erben verpflichtet wurde. Nach dem Tod von Wittich übernahm sein Sohn Karl August Friedrich Wittich das Rittergut und die Pulvermühle. Er stellte 1814 den Bauantrag zum Bau einer Alaun- und Scheidewasserbrennerei. Dafür hatte er einen böhmischen Partner, dieser sprang aber ab. Diese wurde vom Amt Burgk auch genehmigt. Die Konzessionskosten beliefen sich auf 10 Rtl. bei einer jährlichen Abgabe von 6 Rtl.. Realisiert wurde sie nicht, die jährliche Zahlung wurde suspendiert. 1815 stellte er einen zweiten Antrag zur Errichtung eines Waffenhammers, es sollten auch Sensen, Sicheln, Futterschneiden, Äxte, Beile u.a. Geräte. Nicht geklärt war, wo das ganze Holz herkommen sollte. 1818 wird berichtet das der Ziegenrücker Steuereinnehmer Johann Friedrich Radecker eine offene Forderung von 1172 Rtl. und 22 Gr. sächsischem Geld hatte. Wittich verliert den Prozess.

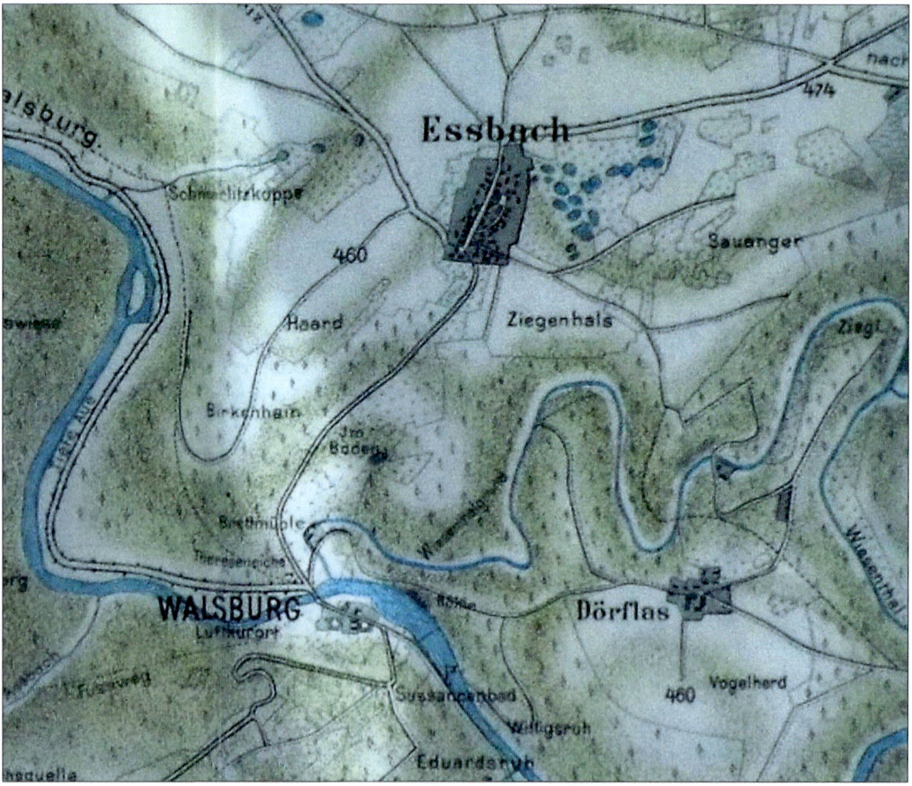

Oberhalb der Brettmühle sind Gebäudereste eingezeichnet.
Archiv Willfried Gruner, Crispendorf

Das alte Wehr der Mühle

Durch zu dichten Bewuchs konnte man nicht richtig Fotografieren, es waren eindeutig aufgeschichtete Steinabschnitte zu sehen. Das Wehr funktionierte in zwei Stufen, von der oberen Stufe ging der Mühlgraben ab.

Anfang des Mühlgrabens. Fotos: Jürgen Knoch

Der vermutlicher Standort der Mühle

Da von dieser Stelle aus, der Mühlgraben wieder in Richtung Wisenta verläuft.
Auf beiden Seiten sind eindeutig alte Wege vorhanden.

Furth unterhalb des Mühlenstandortes. Foto: Jürgen Knoch

Literatur: Nr. 70

Brettmühle in Walsburg

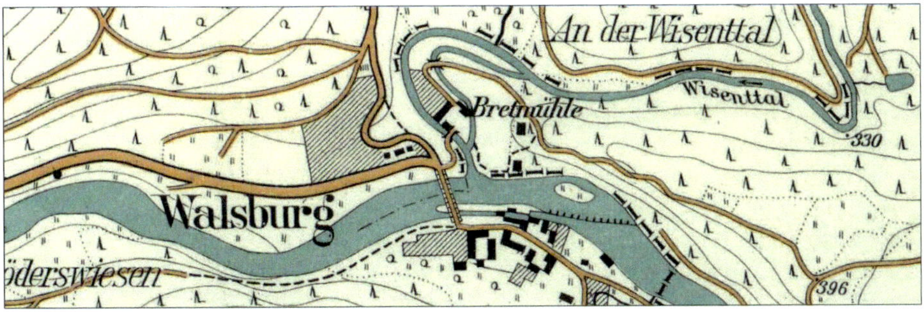

Brettmühle um 1927. Plan von Ziegenrück und Umgebung, gezeichnet von W. Halboth

In einer Urkunde des Abts Heinrich zu Langheim 1380 bestätigt einem Otto von Walsburg seine Besitzungen bei Coburg. Heinrich II. geht 1465 gegen einen Peter von Walsburg vor. Dass die Burg in einer Fehde zwischen den Herren von Gera und den Lobdeburgern in der Folge zerstört wurde, aber durch den Grabungsbefund nicht bestätigt. Ebenso erledigt sich die Legende, dass die Burg zwischen den Burgherren und einer Revolte seiner Vasallen zerstört wurde. Vielmehr deutet sich ein Zusammenhang mit dem Thüringer Grafenkrieg 1342, in deren Folge die Walsburg allmählich verfallen ist. Wahrscheinlich aber später, da eine Münze vom Thüringer Landgraf Balthasar (1349–1406) in der Burg gefunden wurde. Die letzten Ritter übernahmen ihre Hammermühle, später einfach als Schmiede genannt, wechselten den Beruf, da Ritterdienste nicht mehr gebraucht wurden. Der Hammer ist kurz vor 1715 abgebrannt.

Am 17.08.1715 beantragte der Handelskaufmann **Gottfried Neuhauß** nach Grundstückskauf (Gelände des abgebrannten Hammerwerks Schmiede), nicht zu verwechseln mit der Walsburger Hammerschmiede und Mühle auf der Liebschützer Seite bei der Neuhauß auch die Hälfte erwarb, den Bau einer kleinen Mahl- und Schneidemühle – **Brettmühle** genannt und verpflichtet sich bis 1718 diese zu Errichten und zu betreiben.

Verkauf der neuen Brettmühle an Friedrich Walsburger (Nachfolge der Burgherren). Als Pächter wird aber Gottfried Ungar 1757 aufgeführt.

Die Nachkommen der Walsburger siedelten im Dorf nahe der Brettmühle und betrieben sie weiter. Als der letzte Walsburger Besitzer starb, arbeitete sein Bruder Alwin Walsburg als Knecht für das Sanatorium des Herrn Schucht weiter.

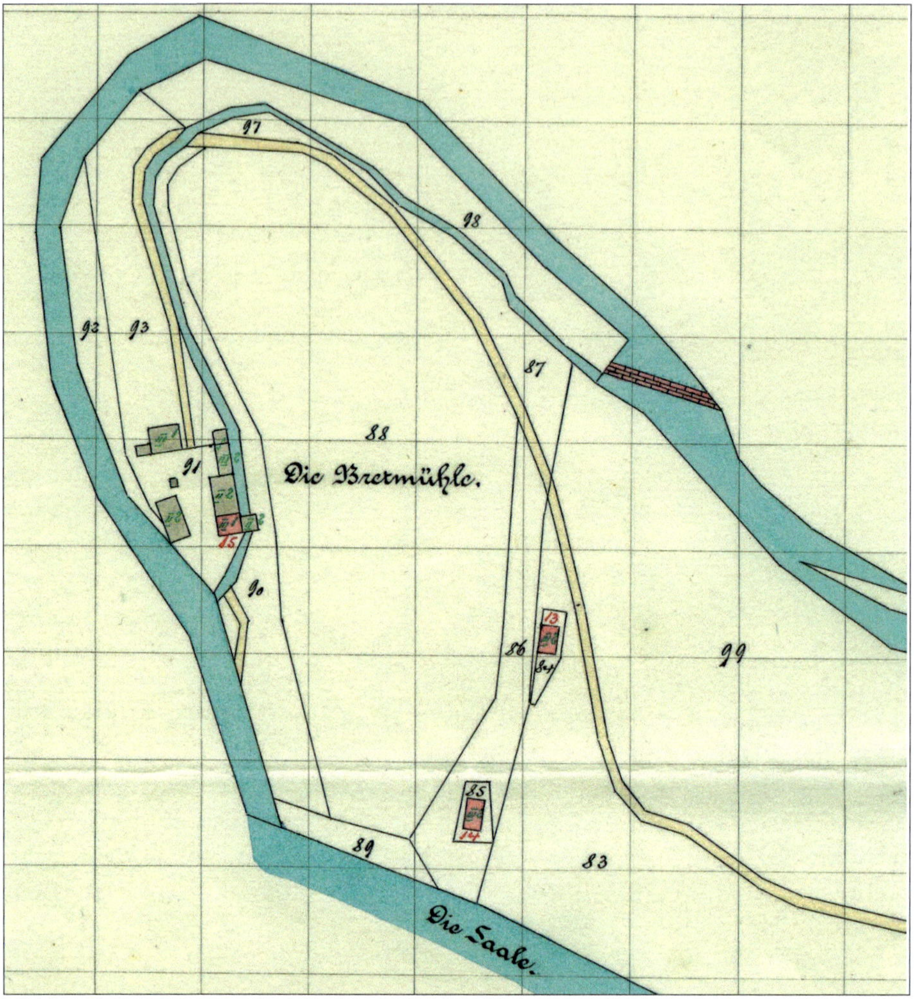

Gebäudekarte der Brettmühle von 1906. Sammlung Stephan Umbach

Brettmühle zu Beginn des 20. Jh. Archiv Familie Krause Walsburg, bearbeitet von Harald Rockstuhl

Handskizze Brettmühle im 19. Jh. nach Poßner. Neue Eßbacher Hefte Nr. 2, 2005, S. 16, Archiv Familie Krause Walsburg

Brettmühle 2012. Foto: Jürgen Knoch

Mühlenbesitzer

Bis 1715	Burgherren zu Walsburg (Nachfolger des Geschlechts) als Betreiber des Hammers
1715	Gottfried Neuhauß, Schleizer Kauf- und Handelsmann, Kauf des Geländes
Bis 1718	Errichtung der Brettmühle und Verkauf an Friedrich Walsburger
1718–1893	Brettmühle im Besitz der Walsburger
1893–1919	Louis Walsburger
1919	Inbetriebnahme des Wisenta Stauwehrs zur Stromerzeugung
1919–1957	Stillstand, 1926 ist Oskar Gebhard Besitzer
1957	Kauf der Gebäude durch Siegfried Haueisen bis heute in Familienbesitz

Literatur: 72, 73, 74, 86

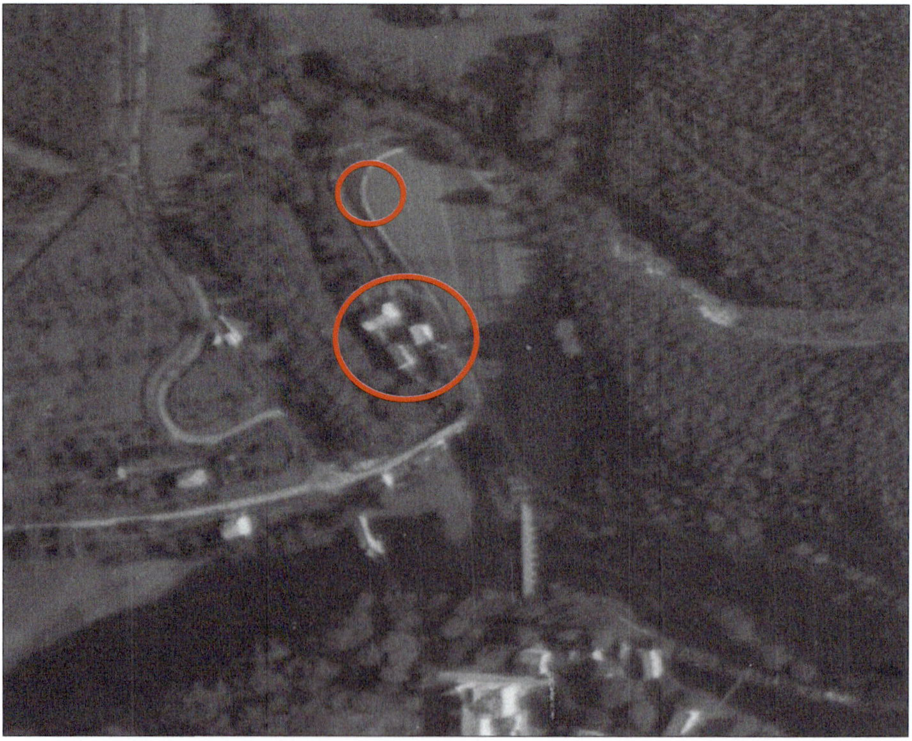

Standort der ehemaligen Baumgarten-Mühle (Kreis oben) und Kreis darunter die Brettmühle am 21.6.1953, Sowjetischer Bildflug mit Bildflug-Nr. 195320, Bild-Nr. 10022 © GDI-Th.

Brettmühle sowie die Mündung der Wisenta in die Saale am 16.4.2019, Bildflug-Nr. 201911, Bild 0938 © GDI-Th.

Begriffserklärungen

Die nachstehenden Erläuterungen beziehen sich auf die in den handschriftlichen Pachtverträgen aufgetretenen Begriffe. (Auszug)

Bederich: die mittelalterliche Bezeichnung für die Wasseraufprallstelle eines oberschlächtigen Mühlrades in den Mühlgraben. Der Müller füllte die Stelle mit größeren Steinen, um ein Aushöhlen des Grabens zu minimieren.

Beutel: Sackartiger Stoffbeutel der für die Trennung von Mehl und Kleie sorgt. Er hängt im mannshohen Beutelkasten und wird mit einer Stockgabel aus Holz geklopft.

Der Beutelkasten nahm das Mehl auf, die Kleie verbleibt im Beuteltuch und gelangt in den Vorkasten, danach über den „Kleiekotzer“ in Säcke.

Im 19. Jahrhundert kamen an Stelle der Beutel Siebe zum Einsatz, sie waren in einem Sichtkasten untergebracht, zur besseren Kontrolle.

Bodenstein: ist der untere ruhende Mahlstein. Der Bodenstein hat in der Mitte ein axiales Loch in dem die Hülse steckt, in dieser läuft das Mühleisen (Antriebswelle). Der Bodenstein ist auf dem Mahlgerüst fixiert.

Fach oder Gefach: Stauanlage in einfacher Ausführung aus senkrechten und waagerechten Balken. In den dabei entstandenen Fächern wurden Steine, Reisig und Moos gestopft.

Flächenmaße: sächsische Maße waren üblich

1 Feldmess-Ruthe = 4,295 m

1 Quadratrute = 18,447 m²

1 Acker = 2 Morgen = 300 = Feldmess-Ruten = 55,342 a

1 Morgen = 25 a

1 Scheffel ist ein Stück Land, das bei der Bestellung mit Roggen, bei der Ernte, einen Scheffel Getreide in Körnern ergab.

1 Hufe= 30 Acker (Acker und Scheffel als Flächenmaß waren gleich)

1 Hufe = 10 ha = 25 Scheffel

1 Scheffel = 103,83 l (Reuß jüngere Linie)

Unter Hufe wird eine Fläche bestellten Ackerlandes verstanden, die ein Bauer ohne fremde Hilfe mit seinen Angehörigen selbst bewirtschaftete und seine Ernte die Familie ernähren konnte.

Heute gilt: 1 ha = 100 a = 10.000 m²;
1 a = 100 m², 1 ha = 4 Morgen

Frauen als Beständerinnen auf Mühlen: Mit dem Tod des Müllers kam die Erbin (Ehefrau) in die Rolle der Beständerin, da sie die Mühle nicht so schnell verkaufen konnte, wegen der bestehenden Pachtverträge. Nach Ablauf des Pachtvertrages konnte die Erbin erst in den Bestand eintreten und diese Mühle übernehmen. Dazu musste sie die Genehmigung des jeweiligen Lehnsherren einholen oder sich wiederverheiraten, was die meisten auch taten.

Friese, auch Vriese: Im Mittelalter neu entstandene Zunft der Mühlgraben, See- und Teichgräber. Sie waren für die Neuanlegung von Mühlgräben und

Dämmen, sowie Teichen zuständig. Dazu gehörte ebenso das Entschlämmen von Gräben und Teichen.

Gerinn: ist der Zulauf der einzelnen Wasserräder und dient dem gezielten Wasserzulauf

Geschirr: ist die Gesamtheit aller beweglichen Teile der Mühlentechnik. Dazu gehören u.a. das Wasserrad, Getriebe des Mahlgangs, Schließgeschirre u.a.

Getreidemaße: Reuß jüngere Linie Schleiz

1 Scheffel = 4 Viertel = 224 Kannen = 192,37 l

1 Viertel = 4 Maß = 48,09 l

1 Eimer = 61,83 l

1 Kanne = 0,86 l

Meistens wurde mit dem Dresdner Scheffel verglichen, der größer war als die hiesigen Scheffel.

Glück zu: Ist der Müllergruß, meist von wandernden Müllerburschen benutzt.

Gulden: das Zahlungsmittel im Mittelalter benannt nach der zuerst Goldmünze, die in Florenz geprägt wurde-Florentiner Gulden (fl), später auch in Silber. Der Wert richtete sich nach dem Goldbestandteil, später Silberbestandteil 1 (Rheinischer) Gulden = 30 Albus = 15 Batzen = 60 Kreuzer (Xer) = 20 Groschen = 240 Pfennige. Mit der Währungsreform 1871 wurde er mit dem Faktor 1,71 in Reichsmark umgerechnet. Siehe Münzen.

Haue: ist das doppeltschwalbenschwanzförmige Eisen, auf dem der Läuferstein ruht. Die Haue ist mit der Antriebswelle des Mühlsteins (Mühleisen) formschlüssig verbunden und trägt den Läuferstein und dreht ihn durch Mitnahme.

Hinterwasser: bezeichnet den Rückstau des Wassers nach der Mühle, wenn der unterhalb liegende Müller zu weit anstaut, oder bei Hochwasser. Dieses von „hinten" im Gegenstrom wirkende Wasser bricht die Schaufeln. Bei diesem Zustand ist kein Mahlen möglich. „Das Wasserrad watet im Wasser".

Kamm, Kammrad: Kämme sind die Zähne der hölzernen Räder (Kammrad), ebenso die bei eisernen Rädern seitlich eingesetzten hölzernen Zähne. Mehrzahl ist Kammen.

Klause, klausen: Klausen = Wasser anstauen. Ist eine Wasserstauanlage vor der Mühle, die besonders bei geringer Wasserkraft (fehlende Fallhöhen) als Weiher oder Mühlteich angelegt wurde, um das Mahlen zu ermöglichen.

Kleie: Ein Mühlennachprodukt, der bei der Getreideverarbeitung, nach dem Absieben des Mehles, verbleibenden Überreste (Samenschalen, Fruchtschalen). Sie dienten als Tierfutter.

Kleiekotzer: Am Beutelkasten Auslauf befanden sich die „Kleiekotzer", diese waren von Handwerkern hergestellte Fratzen. Sie waren geschnitzt und bemalt.

Königsrad, Königsstock: Durch Wasserkraft wurde das Wasserrad über den waagerechten Wellbaum zum Kammrad des Winkelgetriebes übertragen. Über dieses Getriebe wird die Kraft in die Senkrechte Richtung über den Königsstock zum Königsrad übertragen, welcher mit dem kleinen Ritzel Rad den Antrieb des Mahlsteins (Läufer) ermöglichte. Dieser konnte mit der Gabel und dem Rückziehe Rad, bei heiß laufendem Mahlstein, entkoppelt werden. Der Müller befeuchtete, nach den ersten Vorkommnissen, vorher das Getreide, um Brände zu verhindern.

Konfirmationsschein: Ist ein amtliches Dokument, das den neuen Erbbestand nach Besitzerwechsel der Mühle begründet und damit die herrschaftliche Kaufvertragsbestätigung.

Läufer, Läuferstein: Der sich drehende obere Teil der zwei Mahlsteine.

Lauffte (Zarge): abgeleitet von umlaufend. Umgebender Mantel, um das Mahlgut in die vorgesehen Richtung zu zwingen (über das Mehlloch zum Beutelgeschirr). Läuffte bezeichnet in Pachtverträgen, dass die Mühle mehrere Mahlgänge besitzt.

Lehnsmühle: Im zersplitterten Thüringen, so auch an der Wisenta, erstellten die Lehnsherren, u.a. Deutsches Haus in Schleiz, die Landesherren Reuß, Rittergutsbesitzer, Kirche, Verträge in denen die Rechte und Pflichten der Mühlenbesitzer (aus Beweisgründen) festgehalten wurden.

Lichtwerk: Vorrichtung zur Abstandsregulierung zwischen den Mahlsteinen in der Senkrechten, durch einen Winkelhieb, um den Abstand zu lichten (zu heben oder zu senken).

Lohmühle: Besondere Mühle zur Herstellung der Eichenlohe zum Gerben. Die Eichenrinde kam getrocknet in die Mühle, wo sie zerkleinert, gestoßen und zu Lohe gemahlen wurde. Die Lohe wurde an die Gerbereien verkauft u.a. viel nach Neustadt an der Orla.

Metze: Getreide Hohlmaß als Gewinn für den Müller, kleine Metze, entsprach 7,01 l (Neustädter Metze) die große Metze wurde mit 16 l angegeben. Üblicherweise 1/16 bis 1/18 des Scheffels.

Mühlarzt, Mühlenarzt: Ein erfahrener Müller, der sein Handwerk gut gelernt hat und eine Mühle wiederinstandsetzen kann. In alten Kaufverträgen ist es eine Bedingung, wenn der Käufer noch unerfahren ist.

Mühleisen: senkrechte Antriebswelle des Läufers. Die Führung des Mühleisens erfolgt über die Hülse/Buchse im Bodenstein. Diese wird mit Rüböl getränktem Hanf geschmiert (Langzeitschmierung). Am verjüngten oberen Ende des Mühleisens befindet sich eine Spindel mit Dreikantnocke, die den Rüttelkasten (Getreidevorschub zum Mahlstein, bzw. ein Verstopfen beim Nachfüllen des Getreides) antreibt. Das Klopfen der Dreikantnocke führte zum Spruch „Es klappert die Mühle am rauschenden Bach“.

Mühlenrecht: 1158 erließ Kaiser Friedrich I. Barbarossa das Mühlenregal, das die Einrichtung einer Mühle regelte. Mühlen besaßen einen besonderen Schutz, bei Raub wer eine Mühle beraubt wird gerädert (Sachsenspiegel 1200), sie bekamen Braurecht, Backrecht für den eigenen Bedarf, Fischrechte im Mühlgraben u.a. Privilegien. Sie hatten die Freiweide für ihr Vieh und das Wiesennutzungsrecht für die Tiere der Mahlgäste. Rechtspartner waren die Grundherren und Mühlenpächter.

Münzen: 1 Gulden = 60 Kreuzer (Xer) = 15 Batzen = 20 Groschen = 240 Pfennige

1 Batzen = 4 Kreuzer = 16 Pfennige

1 Kreuzer = 4 Pfennige (manchmal auch 3)

1 Albus = 2 Kreuzer = 8 Pfennige

1 Schilling = 1 Kreuzer = 4 Pfennige

1 Heller = ½ Kreuzer = 2 Pfennige

1 Dukaten = 5 Gulden

Oberschlächtig: nennt man ein Mühlrad bei dem das Wasser von oben auf das Wasserrad fällt. Zwischen den Radkränzen werden Kammern gebildet die voll mit Wasser laufen und über die Schwerkraft das Rad in Bewegung setzen. Der Mühlgraben, meist sehr lang, um das notwendige Gefälle zu erreichen, darf nur ein schwaches Gefälle zur Mühle aufweisen, um die Strömungsgeschwindigkeit zu begrenzen. Der Eintritt des Wassers in das Mühlrad erfolgt am Scheitelpunkt, damit das Wasser so lange wie möglich seine Kraft überträgt.

Ölmühle: Sie dienten zur Herstellung von Öl für Speisezwecke, Lampenöl, Schmiermittel und Ölkuchen als Kraftfutter aus vermahlenem Raps und Rübsen.

Pulvermühlen: Sie dienten zur Herstellung von Schießpulver und Sprengstoffen. Sie mussten außerhalb von Orten errichtet werden, da sie oft brannten.

Sichten: Das Trennen zwischen Kleien, Schalen und Mehl.

Schneidmühle: am Anfang hatten diese nur ein Sägegatter. Zur Herstellung von Brettern mussten sie mehrfach eingespannt werden. Im 19. Jahrhundert begann man mit einem erweiterten Gatter mit mehrfach eingehängten Sägen, um einen Baum in einem Arbeitsgang zu Brettern zu schneiden.

Stockrad, Stockgetriebe: Getriebe zur Richtungsänderung der Kraftübertragung von waagerecht (Drehbewegung) zu senkrecht (Drehbewegung). Kurze Holzstäbe oder Spindeln (senkrecht stehend) in einer Buchse greifen ins vorbeilaufende Kammrad (Antriebsrad) vom Wasserrad, und übertragen die Kraft des Wassers ins System der Mühle.

Unterschlächtig: Ist ein Mühlrad bei dem das Wasser unterhalb der Wasserradwelle in die vorderen leicht gebogenen Leitschaufeln des Wasserrades gedrückt wird, und damit die Kraft des Wassers auf die Antriebswelle überträgt. Meist an den Unterläufen der Bäche, da mehr Wasser ankommt, mit geringer Fallhöhe.

Wellbaum: Eine Welle in Baumstärke, die als Verbindung vom Wasserrad zum Kammrad, die die Kraftübertragung in die Mühle ermöglicht.

Zapfen: Sind armdicke Rundeisen, die am Ende des hölzernen Wellbaumes eingelassen wurden. Sie liefen in Steinlagern (meist „Katzenstein“ aus dem Südharz), später Metalllagern, als Gegenlager des waagerechten Wellbaumes.

Zeiß, Zeis: Die hölzerne Schlaggabel, über ein Getriebe angeschlossen, die den Beutel im senkrechten Beutelkasten klopft um Mehl von Kleie zu trennen.

Literaturverzeichnis

1. Wikipedia Wisenta 28.01.2020
2. G. Brückner- Volks- und Landeskunde des Fürstentums Reuß Jüngere Linie 1870 S.824 ff
3. OTZ 05.05.2005 Lokalseite
4. Familien Chronik mit Unterstützung von Horst Hesse Willersdorf, keine Jahreszahl
5. OTZ vom 10.03.1993 Lokalseite
6. Vorfahren Jürgen Knoch, unveröffentlicht 2019
7. Kirchenspiel Unterkoskau von Bernd Militzer 2018 unveröffentlicht
8. Unterlagen des Heimatvereins Willersdorf 2016
9. Familien Unterlagen Familie Eisenschmidt, unveröffentlicht
10. Reußischer Erzähler 20.02.1937, Ludwig Geipel
11. Familien Unterlagen Nachfahren Familie Peip 2020
12. Familien Unterlagen Familie Detlev Wolf Unterkoskau 2020
13. Familien Unterlagen Familie Zöphel/Nebel 2020
14. Mühlen und Müller in Mühltroff, Ernst Költzsch, AMF Band 109 von 1963
15. Festschrift 725 Jahre Mühltroff, Autorenkollektiv, 1999
16. Familien Unterlagen Familie Weiß Mühltroff 2018
17. Wassermühlen entlang der Wisenta, Schüler Belegarbeit Staatliche Regelschule Schleiz 2018, Autorenkollektiv
18. Familien Unterlagen Familie Prager, Lippoldsmühle 2020
19. Unterlagen Nachfahren Familie Richter
20. Acta der Pfarre zu Langenbuch 1835, Heinrich Otto Küpfer- Kirchenarchiv Thierbach
21. Unterlagen des Freilichtmuseums Hohenfelden, Franziska Zschäck
22. Das Umgebindehaus von Langenbuch 1685 (Masterarbeit) Dirk Erhardt, FSU Jena 2011 unveröffentlicht
23. Festschrift Lössau, 675 Jahre, Autorenkollektiv,
24. Reußischer Erzähler 1937 Einwohnerverzeichnis Lössau 1592, Kopie Heimatverein
25. Reußischer Erzähler Nr.12/1934, S.47
26. Obere Lössmühle, Robert Hänsel
27. Familien Unterlagen Familie Liebold Lössau
28. Einwohnerverzeichnis des Kreises Schleiz 1949
29. OTZ 29.01.1992, Lokalseite, S.16
30. OTZ 05.02.1992, Lokalseite, S. 15
31. Festschrift 600 Jahre Oberböhmsdorf 1933, 23.06.1933, Robert Hänsel
32. OTZ 19.02.1992 Lokalseite, S.15
33. OTZ 21.02.1992, Lokalseite, S. 15
34. OTZ 28.02.1992, Lokalseite, S. 19
35. Familien Unterlagen Familie Wolfram
36. OTZ 07.03.1992 Lokalseite, S. 15
37. Familien Unterlagen Familie Berger/Heydrich
38. OTZ 20.03.1992, Lokalseite, S.15
39. OTZ 09.01.1992, Lokalseite, S.15
40. OTZ 16.01.1992, Lokalseite, S.15
41. OTZ 24.01.1992, Lokalseite, S.16
42. Reußischer Erzähler 1913 Nr. 20
43. OTZ 10.04.1992, Lokalseite, S.15
44. OTZ 16.04.1992, Lokalseite, S. 15
45. OTZ 01.05.1992, Lokalseite, S. 15
46. Chronika des Simon Lenzner Pahnstangen/Plothen 1789–1905, unveröffentlicht
47. OTZ 08.05.1992, Lokalseite, S. 15
48. Familien Unterlagen Bachmann, unveröffentlicht
49. OTZ 27.03.1992; Lokalseite, S. 15

50. Oberlandbote 195, Robert Hänsel, S. 50 ff
51. Schleizer Heimathefte – Schlacht bei Schleiz 1806, Nr. 42 2006, Dr. Karl Stich Dresden
52. Schleizer Heimathefte – Schlacht bei Schleiz 1806, Nr. 43 2006, Dr. Karl Stich Dresden
53. Die Thomasmühle – kulturgeschichtlich betrachtet, G. Werner, Oberlandbote 1960, S.36 ff
54. OTZ 24.10.1991, Lokalseite, S. 15
55. Oberlandbote 1956, Robert Hänsel, S. 277 f
56. Akte aus Stadtarchiv über die Zwangsversteigerung der Thomasmühle 1933
57. OTZ 15.05.1992, Lokalseite, S.15
58. OTZ 22.05.1992, Lokalseite, S.15
59. OTZ 29.05.1992, Lokalseite, S.15
60. OTZ 12.06.1992, Lokalseite, S.15
61. OTZ 17.06.1992, Lokalseite, S. 15
62. Mühlen im Schleizer Land, Manfred Ungelenk, Aufsatz 1967, S. 29ff, unveröffentlicht
63. Familiengeschichte von Robert Hänsel 1946 für die Familie Ritter, unveröffentlicht
64. Archivakten handschriftlich über die Stöckigtsmühle 1600, 1606, 1620, 1639, 1713,
65. Familien Unterlagen Erben Ritter, unveröffentlicht
66. Der Mahlzwang, Robert Hänsel, Archivrecherche Reuß, 30-er Jahre, unveröffentlicht und handschriftlich, Stadtarchiv Schleiz
67. Geschichte der Rittergüter Reuß Ältere Linie, Herbert Hüllemann 1939, S.1013
68. Geschichte der Rittergüter Reuß Ältere Linie, Herbert Hüllemann 1939, S. 1007,1023
69. Festschrift 700 Jahre Crispendorf, Willfried Gruner, 1990
70. Geschichte der Rittergüter Reuß Ältere Linie, Herbert Hüllemann 1939, S. 998 ff
71. OTZ 09.01.1992, Lokalseite, S. 15
72. Familien Archiv der Familie Krause, Walsburg, unveröffentlicht
73. Neue Eßbacher Heimathefte, Nr. 1/2005, Autorenkollektiv
74. Neue Eßbacher Heimathefte Nr. 2/2005, Autorenkollektiv
75. Wikipedia- Eisenhammer 24.06.2020
76. OTZ 19.06.1992 S.15
77. OTZ 26.06.1992 S.15
78. OTZ 10.07.1992 S.15
79. Festschrift 675 Jahre Möschlitz 2008, Autorenkollektiv
80. OTZ 17.07.1992 S.15
81. Eine Sammlung aus Quellen zur 600-jährigen Geschichte des Dorfes Langenbuch von Heinrich Franke nach Unterlagen von Max Frotscher Mühltroff 175, unveröffentlicht, Archiv Stadt Schleiz
82. Heimatgeschichte Nr. 21 Mühltroff von Max Frotscher, ohne Jahresangabe
83. Beiträge zur Geschichte der Schleizer Betriebe, Friedolin Heuschkel, Schleiz 2007, S. 17–23
84. Beiträge zur Geschichte der Schleizer Betriebe, Friedolin Heuschkel, Schleiz S. 136–147
85. Der Mahlzwang, Robert Hänsel, größtenteils wörtlich übernommen aus seiner Handschrift 1938
86. Im Greizer Land insgesamt 43 Mühlen vor 100 Jahren, Dr. Werner Querfeld, 1986, Archiv Familie Weiß Mühltroff als Kopie
87. Schleizer Mühlen, Robert Hänsel, S. 109–116, Jahr und Quelle unbekannt, Archiv Familie Weiß als Kopie
88. Wisenta-Wiesenthal Pegel Möschlitz, https//:deacademic.co/dic.nsf/dewiki/1520270 , 2020

Autor Jürgen Knoch

Foto: Privat

Jürgen Knoch, Jahrgang 1952, wurde in Volkmannsdorf Kreis Schleiz geboren. Er erlebte eine wechselhafte Schulgeschichte: 1.–4. Klasse in Volkmannsdorf, 5. Klasse in Ziegenrück, 6.–8. Klasse in Crispendorf sowie in der 9. und 10. Klasse nach Schleiz. In Schleiz war er in einer Sonderklasse mit 3 Wochen Schule und 1 Woche in der LPG Oschitz. Dabei lernte er die Grundzüge der landwirtschaftlichen Arbeit (Handmelken, Düngerstreuen nach Schrittmaß, Handmähen mit Sense u.a.).
Danach 3 Jahre Abitur mit Berufsausbildung zum Rinderzüchter in Kleinaga. Zur Berufsschule ging es nach Gera.
Es folgen nun 3 Jahre NVA als Bedingung für mein Studium.
Der Studienwunsch konnte danach nicht erfüllt werden, worüber ich im Nachhinein froh war. So ging es zum Maschinenbaustudium an der Hochschule für Landtechnik in Berlin Wartenberg – Studienrichtung Mechanisierung der Tierproduktion.
Nach dem Studium kam er 1978 in eine Schweinezucht nach Quaschwitz. Diese gehörte zum Mastkombinat Neustadt/Orla. Dort arbeitete er als Hauptenergetiker (Lüftung, Heizwerke, Energie und Wasserversorgung).
Nach der Wende ging es ab 1990 in den Außendienst der Energiebranche (Scharr Stuttgart, Bycosin Karlstadt Schweden Außenstelle Hamburg, ERC GmbH in Buchholz in der Nordheide).
Seit Oktober 2017 ist er im Ruhestand. In all den Jahren hat er sich für die Heimatgeschichte interessiert. Ist in der Ahnenforschung für die Familie tätig. Durch die Ahnenforschung ist er zur Mühlengeschichte gekommen.